CROSTINO TOSCANO
BIALETTI
PERFETTO MOKA
Maccheroni di Toscana
Martelli
MUTTI
Passata
CHIANTI
RUMMO
Lenta Lavorazione
FARFALLE N° 85
CONFETTERIA LEONE
GINEVRINE
ROSE
SCONTO 30%
ESSELUNGA
GORGONZOLA DOP
€3.30
d'Osa
coop
PREPARATO PER TANTI DOLCI
380g
OLIO EXTRA VERGINE DI OLIVA
Baci
PERUGINA
VAPE DERM
Gel Dopopuntura
HERBAL
Ragù di carne chianina
ESTATHE
limone
coop
FRAGOLE
SAPORI DINTORNI CONAD
BIALETTI
PEGNA
Mukki
100% Latte Toscano
latte fresco
SAPORI IDEE CONAD
FONDENTE con Limone e Zenzero
SAPORI DINTORNI CONAD
MARVIS
ESSELUNGA
Pipe Rigate n.191
ESSELUNGA
A.C.E.
ARANCIA, CAROTA, LIMONE
VERNACCIA DI SAN GIMIGNANO
mozzarella BIOLOGICA
Pasta Amiatina
Bene sì
senza glutine
coop
Plum cake
preparato con yogurt
216g
CONAD
SAPORI IDEE
Salsa Tartufata
ZUPPA con LEGUMI, ORZO e FARRO
ESSELUNGA
SAPORI IDEE

FERRERO ROCHER
Nocciola Avellana Avelã
coop
TONNO A PINNE GIALLE all'olio di oliva
Frolle ripiene crema pasticcera
LEMON SODA
SAPORI & DINTORNI CONAD
ESSELUNGA Top
Barilla
LINGUINE N.13
ESSELUNGA
crostini ai 5 CEREALI
225 g
Pocket Coffee
CONAD
gli Appetitosi PROSCIUTTO COTTO + MOZZARELLA
CONAD
POMODORI SECCHI
MULINO BIANCO
Torta Limone
GIANDUJA
NOVI
Cioccolato alle Nocciole Gianduja
ORZO Biologico
CRASTAN BIO
FATTORIA DEL CERRO
ROSSO DI MONTEPULCIANO
TOSCANA
ROS.SO
TENUTE DEL CERRO
Venchi
60%
MENTA PEPPERMINT
DUOMO
PALAZZO VECCHIO
PONTE VECCHIO
SANTA CROCE
FIRENZE
ESSELUNGA
BIO
ELICOIDALI
PASTA DI SEMOLA DI GRANO DURO
500 g
Nestlé
ORZORO
ORZO SOLUBILE
VAPE
Spirali
ESSELUNGA
Cuor di Gianduia
coop
MULINO BIANCO
Barilla
Biscottone
con Latte Fresco 100% Italiano
Pan di Stelle
MUTTI
PESTO
ESSELUNGA
BIO
8 CROSTATE ALL'ALBICOCCA
CONAD

SUPER MARKET

이탈리아 FIRENZE 피렌체

SUPERMARKET VOL.3

하루의 시작, 여행의 시작
Let's Start

Market in Firenze 피렌체 시장 한눈에 보기 014

Today's Menu 1 아침: 커피와 돌체 040

Unpack Firenze 1 모카포트 도전기 042

Dolce or Dessert 돌체 혹은 디저트 048

Let's Talk 1 피렌체 가족의 삶은 어떤가요? 미니아티 가족 056

점심 뭐 먹지?
Let's Have Launch

072 *Today's Menu 2* 점심: 파스타

074 *Let's Talk 2* 피렌체에서 이주민의 삶은 어떤가요? 마리코 시라이시

080 *Deep Inside 1* 쿠치나 포베라, 간결한 토스카나 음식의 세계

090 *Supermarket in Firenze* 피렌체 슈퍼마켓 한눈에 보기

120 *Must Have Item* 알아두면 쓸모 있는

126 *Expedition to Gelateria* 젤라테리아 탐험기

130 *Follow the Perfume Road* 향수 가게 탐방기

134 *Let's Talk 3* 피렌체에서의 삶은 어떤가요? 니콜로 콘티&라윤정

140 *Unpack Firenze 2* 내 맘대로 파스타 창작기

ITALIA FIRENZE

쉬는 시간
Let's Take a Rest

Grocery Store in Firenze 피렌체 식료품점 한눈에 보기 152
Let's Talk 4 이탈리에서 일하는 삶은 어떤가요? 테레사 벤치니&엘레나 젤리 168
Let's Talk 5 한국의 이탈리는 어떤가요? 마시밀리아노 산니노 172
Can't Live Without Hazelnut 달콤 쌉쌀한 초콜릿 176
Finding Perfect MintChoco 완벽한 민트초코를 찾아서 178
Unpack Firenze 3 우당탕탕 토스카나 와인 시음기 180
Hidden Gems 숨겨진 볼거리 200
Finding Iced Coffee in Italy 아이스 커피를 찾아서 210
Let's Talk 6 토스카나 요리사의 삶은 어떤가요? 마르코 비나치 212

하루의 마무리
Let's Round Off a Perfect Day

222 *Let's Talk 7* 피렌체의 패션은 어떤가요? 마찬티 가족
242 *Deep Inside 2* 피렌체 공화정, 동업조합이 일군 중세의 경제 공동체
250 *Today's Menu 3* 저녁: 피렌체식 티본스테이크
252 *Let's Talk 8* 피렌체의 음식은 어떤가요? 안드레아 안젤리니
260 *Messy Cooking Show* 도전, 요리왕!
264 *Supermarket Team Souvenir* 우리는 무엇을 샀나

FIRENZE

4

SUPERMARKET

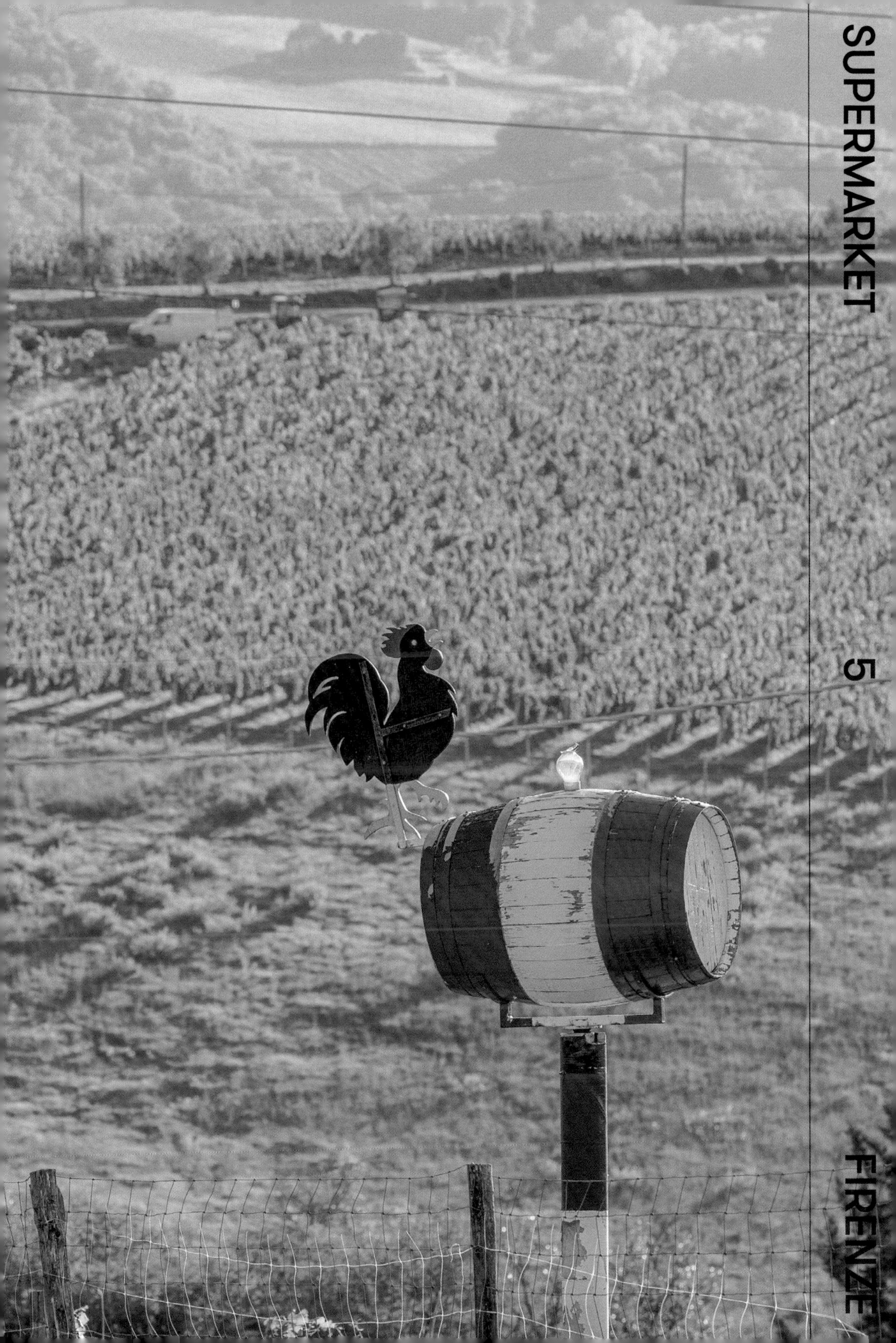

SUPERMARKET

5

FIRENZE

SUPERMARKET 6 FIRENZE

SUPERMARKET

7

FIRENZE

SUPERMARKET 8 FIRENZE

SUPERMARKET
9
FIRENZE

독서의 시작, 여행의 시작

Let's Start

Let's Start

피렌체는 이탈리아 중부 토스카나주의 주도로
단테, 미켈란젤로, 마키아벨리의 고장이자
다들 한 번쯤 들어보았을 유명한 도시다.
우리는 피렌체를 단순히 관광지로만 인식하지만,
이곳은 당연히 누군가의 터전이자 고향이기도 하다.
피렌체의 도시 면적은 이탈리아 내 70위권으로
다소 작아도 거주민 수는 8위로 남다른 인구 밀도를
자랑한다. 집안 대대로 피렌체에서 살아온 사람들을
피오렌티니(fiorentini)라고 부르는데 이들은 과연
어떤 일상을 보낼지 함께 살펴보자.

Mar

이탈리아어로 시장을 뜻하는 '메르카토(mercato)'를 인터넷에서 검색만 해도 피렌체 내 수십 군데 정보가 뜰 정도로 식재료, 골동품, 가죽, 꽃 시장 등 다양한 시장이 있다. 도시의 크고 작은 광장에 저마다 다른 시장이 들어서는데 보통 오전에만 영업하므로 시장을 구경하려면 아침 일찍부터 움직이는 게 좋다. 지역 특산품이나 유기농 제품을 선호하는 이탈리아 사람들은 파머스 마켓을 즐겨 찾는데, 사실 이탈리아는 유럽 내에서 유기농 식품 생산자가 가장 많고 유기농 농업 면적은 프랑스, 스페인에 이어 3번째를 자랑하는 나라다. 파머스 마켓이야말로 다른 도시의 문화를 이해하는 데 많은 도움을 주는데 다만 피렌체의 파머스 마켓 대부분 운영 정보를 페이스북이나 인스타그램 등 SNS로 공유하는 편이라 이번에는 관광객 입장에서 찾기 좋은 정기 또는 상설시장 위주로 방문해보았다.

et in Firenze

피렌체 중앙시장 Mercato Centrale Firenze

Piazza del Mercato Centrale, Via dell'Ariento, 50123 Firenze
www.mercatocentrale.it/firenze
1층: 월~토 07:00~15:00
(토요일은 오후 5시까지, 일요일 휴무)
2층: 매일 09:00~23:00
(금, 토요일은 자정까지)

1865년 이탈리아 왕국의 수도가 피렌체로 바뀌자 이 도시는 갑작스레 늘어난 인구와 경제 규모를 감당하기 위해 도시 개발(Risanamento di Firenze)을 추진한다. 이때 시장 역시 확장 및 이전이 필요하다고 판단하여 1874년 이곳으로 중앙시장을 옮기게 되었다. (현재의 레푸블리카 광장 자리에 예전 시장이 있었다.) 여전히 피렌체에서 가장 크고 유명한 시장으로 식재료 매장은 1층에, 작은 식당들은 2층에 자리 잡았고 건물 밖에는 가죽 제품 및 관광객을 위한 기념품을 판매하는 매대가 모여 있다. 시장 2층에 '로렌초 데 메디치 요리 학교(Scuola di Cucina Lorenzo de' Medici)'라는 기관이 있어 미리 신청하면 이곳에서 간단한 이탈리아 요리 강좌도 들을 수 있다.

FARMACIA

1층에 있는 페리니 브루노 식료품점(Alimentari Perini Bruno).
1950년부터 이곳에서 토스카나 치즈와 가공육을 판매해 왔다.

이탈리아 치즈 종류만 해도 수십 가지가 넘는데 그중 토스카나 지역에서 가장 유명한 치즈는 양젖으로 만든 페코리노(pecorino)다. 여기 호두나 블랙 트러플을 넣기도 한다. 양젖 리코타(ricotta di pecora)나 염소젖으로 만든 카프리노(caprino) 치즈도 즐겨 먹는다.

한국인 사이에서 중앙시장에서 꼭 먹어봐야 하는 음식으로 손꼽히는 곱창버거는 사실 푹 끓인 소의 위 즉, 트리파(trippa) 또는 람프레도토(lampredotto)를 채워 넣은 샌드위치다. 스튜 형태로도 많이 먹으며 비위가 강하지 않다면 람프레도토보다 트리파를 먼저 시도해보길 권한다.

관광객 사이에서 특히 유명한
트리파·람프레도토 음식점
다 네르보네(Da Nerbone).
한국인 입맛에도 꽤 잘 맞는다.

산탐브로조 시장 Mercato di Sant'Ambrogio

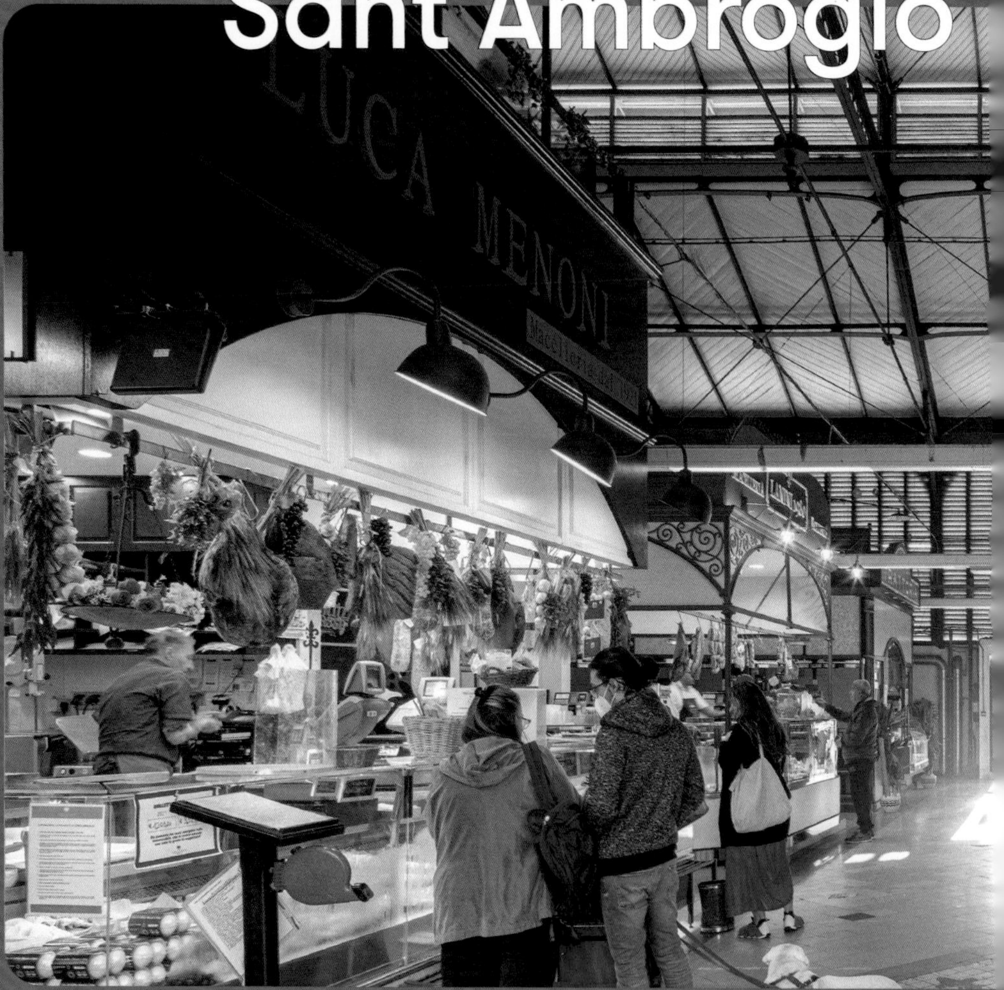

피렌체 도시 개발 시기에 오늘날 중앙시장과 함께 기획된 시장으로 1873년 문을 열어 현재 피렌체에서 가장 오래된 시장이다. 1955년 농산물 도매시장이 피렌체 북쪽 노볼리 지역으로 확장 이전하면서 시장 규모가 줄어들긴 했으나 피렌체 현지인들은 중앙시장보다 이곳을 더 선호한다. 신선한 제로 킬로미터(해당 지역에서 생산하여 운송 거리가 짧은) 농산물이 많기 때문이다. 대부분 정육점, 과일·야채 가게, 치즈 가게 같은 식재료 매장이고 식당은 별로 없지만, 제철 농산물 구경만으로도 충분히 재미있는 곳이다.

Piazza Lorenzo Ghiberti,
50122 Firenze
mercatosantambrogio.it
월~토 07:00~14:00 (일요일 휴무)

LA BOTTEGHINA DELL'AUGUSTA

LUCA MENONI
Macelleria dal 1921

LA BOTTEGHINA DELL'AUGUSTA
DAL 1988

MACELLERIA
LANINI 1980
POLLERIA

La Macelleria di C.BIO
cibo buono, italiano e onesto

OFFERTA DEL GIORNO

TICKET
CASSA

GECO
CIBLEO TORTELLI E RAVIOLI
AntichiSapori
AR.PA.
AGAVE

P. DEI TAVOLINI
P.za GHIBERTI
LA CUCINA DEL
Giannaccaro
2,00
2,00

카시네 시장 Mercato delle Cascine

사진 ©뉴포맷

Piazzale delle Cascine, 50144 Firenze
화요일 08:00~13:00

매주 화요일 오전 카시네 공원에 들어서는 시장으로 아르노강을 따라 200개 넘는 부스가 길게 펼쳐진다. 피렌체 정기 노천시장 중 규모가 가장 크고 저렴하여 현지인들이 즐겨 찾는다. 특별한 물건은 없지만 적당한 생활용품을 싸게 구할 수 있다. 매주 토요일 오전에는 이곳에 거대한 파머스 마켓 '캄파냐 아미카 알레 카시네 시장(Mercato di Campagna Amica alle Cascine)'이 정기적으로 열린다.

식재료 위주의 다른 시장과 달리 식기나 주방용품, 중고 의류, 커튼 같은 생활용품까지 다양한 물품을 판매한다. 현지인들은 여기서 종종 장을 본 다음 푸드 트럭에서 산 먹거리를 들고 아르노강을 따라 걷는다고 한다.

€10

FIORENTINA
FIORENTINA
FIORENTINA
AMO LA VIOLA
FIORENTINA 1926
NATO
FIORENTINA
FIORENTINA
MAGICA VIOLA
AMO LA VIOLA

캄포 디 마르테 페어 Campo di Marte in Fiera

사진 ©뉴포맷

피렌체 북동쪽 지역의 캄포 디 마르테역 인근에서 1년에 한 차례, 5월 마지막 주에서 6월 첫째 주 사이 일요일에 열리는 노천시장이다. 피렌체의 노점상들이 모여 주최하는 것으로 축구장 외곽의 길(Viale Manfredo Fanti)을 따라 300여 개의 부스가 세워진다. 과일부터 직접 만든 치즈, 가공육뿐만 아니라 식기류, 생활용품, 의류, 화장품에 이르기까지 페어라는 이름에 걸맞게 물품 종류가 다채롭다.

Viale Manfredo Fanti, Firenze
www.cislambulanti.it
매년 5월 마지막 주 일요일 08:00~20:00

시장 구경에 먹거리가 빠질 수 없다. 곳곳에 지역 특산물을 파는 부스나 푸드 트럭이 있는데 가장 눈에 띄는 것은 포르케타(porchetta). 돼지 살코기를 양념하여 통으로 구운 것으로 파니니에 끼워 먹거나 피자 재료로 쓴다. 본래 축제 때 즐겨 먹던 음식답게 노천시장에는 대부분 있으니 포르케타 파니니도 놓치지 말자.

€uro
4.00
2.00
4.00

MELONI
Dolcissimi!!!
€2 AL KG
il Melone
di Sicilia
POMODORI

E SAREMO
A CASA
CILIEGIE
PUGLIA
€4, AL KG

La Reale Group

오늘의 메뉴
Today's Menu

1

Espresso & Dolce
커피와 돌체

에스프레소 코르네토

이탈리아의 아침 식사는 간단하고 달다. 커피와 빵 또는 커피와 비스킷. 삶의 양식이 다양해지면서 샐러드나 시리얼, 주스, 차 등을 아침으로 즐기는 사람이 늘어나고 있지만, 가장 대중적인 선택은 여전히 커피와 빵이다. 또한, 집뿐만 아니라 바르(bar)에 서서 아침을 간단히 해결하는 사람이 상당수라는 점도 인상적이다. 커피는 모카포트로 끓인 커피나 에스프레소가 일반적이고 우유가 들어가는 커피는 오전에만 마신다는 이탈리아의 오래된 원칙을 고수하며 카푸치노를 마시기도 한다. 여기에 크림이나 잼을 채워 넣은 코르네토(cornetto, 크루아상과 비슷한 빵)나 약간 달짝지근한 비스코티(biscotti, 비스킷)를 곁들여 먹는다.

UN PACK FIRENZE

피렌체 풀어보기

모카포트 도전기

MOKA COFFEE

이탈리아 하면 에스프레소가 자동 연상될 정도로 커피는 이탈리아 사람들에게 떼려야 뗄 수 없는 존재다. 바르에서 한 잔 간단히 마시는 것도 좋지만, 일반 가정에서는 모카포트로 아침을 연다. 커피가 폭폭 끓어오르는 소리와 그윽이 퍼지는 향은 또 다른 하루가 시작되었음을 알리는 기분 좋은 알람이다. 모카포트는 증기압의 원리를 이용해 에스프레소와 유사하게 커피를 추출해 마실 수 있는 도구다. 그 이름은 비알레티(Bialetti)에서 1933년 발명한 모카 익스프레스(Moka Express)에서 따온 것으로 알려져 있다. 모카포트는 추출 압력이 낮아 커피 머신으로 내린 에스프레소보다 맛이 부드럽다. 편리함과 일정한 맛을 위해 이탈리아에서도 커피 머신을 사용하는 사람이 늘었다지만 모카포트는 여전히 그만의 매력을 자랑한다.

모카포트를 제대로 사용하고 싶다면 원두 가루는 어떤 브랜드 제품이든 관계없이 반드시 모카포트용 분쇄커피여야 한다. 드립용 분쇄커피를 사용하면 분쇄 정도가 달라 커피가 제대로 추출되지 않는다. 여기 이탈리아 사람들이 즐겨 마신다는 브랜드의 모카포트용 제품을 모아보았다. 향미가 좋은 아라비카 품종을 선호하는 한국과는 달리, 이탈리아에서는 진한 맛의 로부스타 품종을 적절히 블렌딩한다. 강하고 적당히 쓴맛의 커피를 좋아하기 때문이다. 과연 우리의 입맛에도 맞을지 하나씩 마셔보자.

이탈리아에는 정말 많은 커피 브랜드가 있다. 슈퍼마켓에서 흔히 보이거나 현지 사람들이 주로 마신다는 브랜드 위주로 하여, 대표 제품 특히 미디엄 로스트 제품을 골랐다. 모두 동일한 조건으로 커피를 만들었고 브랜드 이미지가 평가에 영향을 미치지 않도록 어떤 제품인지 밝히지 않고 마셨다.

비알레티 4인용 모카포트 이용, 물 160g, 원두 10g, 커피가 끓어오르면 바로 불을 끄고 시음.

서로 다른 입맛의 4인이 커피를 마셨다!
(평소 선호하는 커피 스타일은?)

- **A** 산미가 풍부하고 기승전결 균형 잡힌 커피를 좋아한다.
- **B** 바디감이 묵직한 커피를 선호한다.
- **C** 커피의 맛을 잘 모른다. 아무 커피나 잘 마신다.
- **D** 플로럴하고 산뜻한 커피를 찾는다.

코나드, 100% 아라비카

Conad, 100% Arabica
www.conad.it, 500g(2개입), 5.59€

이탈리아 슈퍼마켓 코나드의 자체 브랜드 상품으로 보증된 품질과 저렴한 가격이 강점이다. 코나드 PB 중 더 저렴한 제품도 있지만, 아라비카 원두만 사용했다는 점을 고려하면 가격 대비 이 제품이 적당히 맛있고 괜찮다. 달콤하고 산미가 있는 것이 특징으로 저온에서 로스팅하여 아라비카의 향이 풍부하다.

일리, 클라시코

illy, Classico
강도 5/9, www.illy.com, 185g, 4.99€

1933년 이탈리아 트리에스테에 문을 연 일리는 자체적인 커피 포장 시스템을 갖추고 오늘날 에스프레소 머신의 시초가 되는 기계를 개발하는 등 커피 유통 및 문화 발전에 큰 역할을 해왔다. 일리는 아라비카 원두만을 사용하고 특히 여러 종류의 아라비카를 블렌딩하여 향이 풍부한 것으로 유명하다. 클라시코는 일리 제품 중에서는 강도가 약한 편으로 아라비카 원두 아홉 가지를 블렌딩하여 캐러멜, 오렌지꽃, 재스민향을 풍긴다. 아라비카 원두만을 사용하여 제품 가격이 약간 높은 편이나 품질이 좋다는 평가를 받는다.

★ 맛있다, 나의 원픽은 이것!

코나드, 100% 아라비카

- Ⓐ 산미가 있고 가볍다.
- Ⓑ 부드러워 에스프레소보다는 아메리카노 같은 느낌이다. 탄 맛은 덜하고 산미도 적당하다. ★
- Ⓒ 보통 콜드브루 커피에서 느끼는 찝찌름한 감이 있다. 향은 좋다.
- Ⓓ 기분 좋게 넘어간다. 아침에 가볍게 한 잔 마실 때 좋겠다.

일리, 클라시코

- Ⓐ 심하지는 않은데 약간 탄 맛이 느껴진다.
- Ⓑ 탄 맛으로 뒤덮여서 다른 풍미가 잘 느껴지지 않는다.
- Ⓒ 탄 맛이 있긴 하지만 고소하고 특색이 뚜렷한 느낌이다. ★
- Ⓓ 시큼한 레몬 같은 산미가 있다. 쓰고 시다. 신기하다.

라바차, 콸리타 로사

Lavazza, Qualità Rossa
강도 5/10, www.lavazza.com, 250g, 3.90€

라바차는 1895년 토리노에서 작은 식료품점으로 시작한 커피 회사로 120년 넘는 역사를 자랑하는 이탈리아 국민 브랜드다. 대체로 아라비카와 로부스타 품종을 블렌딩한 제품을 출시하며 전반적으로 바디감이 묵직하고 크레마가 풍부한 편이라 우유와 잘 어울린다. 콸리타 로사는 1971년 출시되어 라바차의 대표 제품으로 자리 잡았고 이름에 걸맞은 빨간색의 패키지 덕에 흔히 라바차 로사(Lavazza Rossa)라 불린다. 오래된 만큼 이탈리아 사람들에게 친숙하고 인기 높은 제품으로, 산미는 적고 은은한 초콜릿향이 특징이다.

- **A** 쇠 맛이 난다.
- **B** 향도 잘 모르겠고 탄 맛만 느껴진다.
- **C** 원래 커피가 열매를 볶아 우린 물이라지만, 이건 무언가 야무지게 태워서 내린 물을 마시는 것 같다. 와…
- **D** 왁! (다음 걸로 넘어갑시다.)

비알레티, 페르페토 모카 클라시코

Bialetti, Perfetto Moka Classico
강도 7/10, www.bialetti.com, 250g, 3.99€

모카포트를 발명한 비알레티의 분쇄커피 제품. 알루미늄 제품 제조업체로 시작한 비알레티는 1933년 모카포트를 시작으로 다양한 커피용품을 내놓았다. 2010년 이후에야 캡슐커피, 분쇄커피 등을 출시했으니 다른 브랜드와 비교하면 커피로는 오히려 후발주자라 할 수 있다. 하지만 비알레티는 90년간 모카포트를 만들어 온 노하우를 바탕으로 자사의 모카포트에 가장 적합한 굵기의 분쇄커피를 만든다. 바닐라, 초콜릿, 헤이즐넛 등 가향 제품을 포함하여 현재 일곱 종류가 있다. 그중 기본 제품인 클라시코는 아라비카와 로부스타를 50%씩 블렌딩하여 바디감이 있고, 느린 로스팅으로 맛이 부드러운 편이다.

- **A** 맛이 꽉 차 있다. 평소에 산미 있는 커피를 선호하긴 하지만, 모카포트 커피는 주로 설탕이나 우유를 넣어 마신다는 것을 고려하면 이 제품이 적당한 것 같다. 평균적인 맛을 보장하는 느낌. ★
- **B** 한국인이 좋아하는 맛이다. 적당히 쓰고 고소하다.
- **C** 다크초콜릿향이 난다. 이 중에 제일 부드러운 느낌이다.
- **D** 이거라면 여러 잔을 부담 없이 계속 마실 수 있을 것 같다.

킴보, 아로마 이탈리아노

Kimbo, Aroma Italiano
강도 8/13, www.kimbo.it, 500g(2개입), 6.00€

나폴리에서 작은 커피 가게를 운영하던 루비노(Rubino) 삼 형제가 1963년 세운 로스팅 기업 '카페 도 브라질(Cafè do Brasil)'이 킴보의 전신이다. 정통 나폴리 스타일로 커피를 만들기에 특히 이탈리아 남부 사람들은 킴보 브랜드를 좋아한다. 드립커피와 유사한 원리의 나폴리식 커피 메이커(caffettiera napoletana)를 모카포트 대신 사용할 정도로 자기 지역의 커피 문화에 대한 자부심이 상당하기 때문이다. 이탈리아 남부에서는 진한 커피를 선호하여 카페인 함량이 상대적으로 높고 바디감이 있는 로부스타 품종을 다른 지역에 비해 많이 쓴다. 로스팅 역시 높은 온도에서 오래 하여 맛이 강한 편이다. 킴보는 로부스타의 진한 맛과 아라비카의 향을 고려하여 균형감 있게 로스팅한다. 아로마 이탈리아노 제품은 로부스타 65%, 아라비카 35%로 구성되어 강렬한 맛과 스파이시한 향이 특징이다.

- Ⓐ 헤이즐넛인가, 바닐라인가 향이 엄청 강하다. 향만 좋다.
- Ⓑ 바닐라향이 너무 강해서 커피가 잘 느껴지지 않는다.
- Ⓒ 우유에 섞어 마시면 괜찮을 것 같다.
- Ⓓ 엄청 쓴데 쓰다기보다 한약에 가깝다. 오묘하게 쓰다.

크라스탄, 오르초

Crastan, Orzo Biologico in Cialde
www.crastan.it, 96g(16개입), 1.35€

이 제품은 커피가 아니다! 유럽에서 커피 대용으로 마시는 오르초 커피(caffè d'orzo)다. 오르초는 이탈리아어로 보리로 오르초 커피는 볶은 보리를 가루 내어 커피처럼 만드는 음료다. 이탈리아에서는 이전부터 오르초 커피를 마셔왔는데 2차 세계대전 당시 커피 수입이 어려워지고 가격이 올라가면서 저렴한 오르초 커피가 대체재로 급부상했다. 전쟁 이후에도 오르초 커피는 이탈리아 문화 일부가 되어 요즘은 카페인 섭취를 줄이려고 하거나 보리 특유의 고소한 맛을 좋아하는 사람들이 자주 찾는다. 보리차와 커피 사이 느낌으로 연한 커피맛이다. 모카포트와 원리가 같은 오르치에라(orziera)라는 전용 추출 기구가 있긴 하지만, 커피 메이커나 모카포트로 내려 마실 수 있다. 1870년부터 커피 대체재를 판매해 온 크라스탄이 오르초 커피 브랜드 중 가장 유명한데 이 제품은 모카포트용으로 1인분씩 낱개 포장되어 있어 사용하기 편리하다.

- Ⓐ 디카페인 커피맛이 난다. 커피 같지 않다. (정답)
- Ⓑ 캠프파이어 때 맡아본 향이다. 장작 같다고 해야 할까.
- Ⓒ 커피가 아니라 곡물을 볶은 향이 강하다. 농축된 숭늉 느낌.
- Ⓓ 구수하고 부드럽다. 오히려 물을 많이 타서 연하게 마시면 편하게 마실 수 있겠다. ★

모카포트는 하단의 보일러, 중간의 바스켓, 상단의 컨테이너로 구성되어 있다. 보일러에 물을, 바스켓에 원두 가루를 넣고 불에 올리면 물이 끓으면서 생긴 증기가 보일러의 물을 위로 밀어낸다. 물이 바스켓의 원두 가루를 투과하며 상단의 컨테이너에 모이면 커피가 만들어진다.

모카포트는 이용 방식에 따라 커피맛이 달라지므로 나만의 취향을 만들어가기 좋다. 불의 세기를 어떻게 조절하는지, 커피가 끓어오른 뒤 언제 불을 끄는지에 따라 맛이 달라진다. 특히 원두 가루를 담는 방식은 이탈리아 사람들에게 소소한 논쟁거리가 되기도 하는데, 평평하게 눌러 담는 파와 작은 산처럼 쌓아 올리고 누르지 않는 파로 나뉜다. 무엇보다 모카포트를 길들이며 오래 사용할수록 커피 맛이 더 깊어진다고 하니 나날이 변화하는 맛을 음미하는 것도 또 다른 재미겠다. (이를 위해 세제를 사용하지 않고 물로 대충 헹구는 식으로 세척하는 것이 중요! 이탈리아 사람들은 오랜 세월을 함께한 애착 포트를 하나쯤 가지고 있다.)

돌체 혹은 디저트
Dolce or Dessert

이탈리아 슈퍼마켓에 가면 매대를 한가득 채우고 있는 다양한 빵, 파이, 쿠키에 머리가 어질해진다. 이러한 종류를 돌체(dolce)라 부르는데 디저트로 해석하기도 하지만, 문자 그대로 '단것'이란 뜻이다. 이탈리아 사람들은 돌체와 커피 한 잔으로 아침을 대신하며 하루를 시작한다고 하니 우리도 매일 새로운 돌체로 여행 중 주린 배를 채워보면 어떨까.

* 제품별 가격은 구매처에 따라 다를 수 있다.

1 코프, 플럼 케이크
Coop, Plum Cake Preparato con Yogurt
www.coopitalianfood.com, 1.65€

플럼 케이크는 이탈리아의 일반적인 아침 메뉴 중 하나로, 요즘은 꼭 자두(plum)가 들어가지 않아도 말린 과일에 요거트, 향료 등을 넣어 만든 케이크를 플럼 케이크로 통칭한다. 대체로 무난한 맛인데 이 제품은 요거트가 들어가서 상큼한 느낌에 물리지 않고 즐겨 먹을 수 있다.

2 물리노 비앙코, 판 디 스텔레 비스킷
Mulino Bianco, Pan di Stelle Biscotto
www.pandistelle.it, 1.84€

물리노 비앙코(Mulino Bianco)는 어느 슈퍼마켓에서든 그 이름을 쉬이 발견할 수 있는 유명 브랜드로 수십 종이 넘는 다양한 돌체 제품을 판매한다. 그중 판 디 스텔레(Pan di Stelle) 즉, '별의 빵'은 초콜릿맛과 별 모양이라는 공통점 아래 쿠키, 시리얼, 케이크 등 여러 상품을 선보이는 인기 제품군이다. 판 디 스텔레 하면 가장 먼저 떠올리는 것이 비스킷(biscotto)인데 약간 푸석한 질감이 낯설긴 하지만 적당히 단맛으로 손을 계속 이끈다.

3 물리노 비앙코, 레몬 케이크
Mulino Bianco, Torta Limone
www.mulinobianco.it, 5.59€

피렌체의 여름날 산뜻한 디저트를 먹고 싶어 무심코 구매한 이 케이크에 홀딱 반했다. 물리노 비앙코의 또 다른 제품으로 향긋한 레몬 크림이 인상적이다. 앞선 플럼 케이크보다 촉촉하고 상큼해서 아침 대용으로도 좋고 여행 중 디저트로도 제격이다. 추천!

4 물리노 비앙코, 무설탕 코르네티
Mulino Bianco, Cornetti (Senza Zuccheri Aggiunti)
www.mulinobianco.it, 2.69€

역시나 물리노 비앙코의 제품이다. 코르네토는 이탈리아 사람들이 아침에 주로 선택하는 메뉴 중 하나다. 대부분 연노란색을 띠는 물리노 비앙코의 제품과 달리 이러한 무설탕 제품은 패키지가 연둣빛이다. 돌체 종류도 여럿이지만, 이처럼 무설탕, 글루텐 프리, 비건 제품 등 소비자의 선택지가 다양한 것 또한 이탈리아 식품의 특징이라 할 수 있다.

5 비앙코 포르노, 피오렌티네
Bianco Forno, Fiorentine
www.biancoforno.it, 2.29€

토스카나 지역 브랜드의 제품으로 피렌체를 뜻하는 이름 '피오렌티네'에 걸맞게 전형적인 피렌체식 스폴리아텔라(sfogliatella)다. 스폴리아텔라는 크루아상이나 밀푀유처럼 반죽을 겹겹이 쌓아서 만드는 빵인데 이 안에 크림이나 과일을 넣기도 한다. 이 제품에는 살구잼이나 사과 또는 초콜릿 등이 들어가 있다.

6 물리노 비앙코, 비스코토네
Mulino Bianco, Biscottone
www.mulinobianco.it, 2.52€

쇼트 크러스트 페이스트리 방식으로 만드는 쿠키를 프롤리니(frollini) 쿠키라 통칭하는데 그중 하나다. 밀가루로 가득 찬 묵직한 덩어리 같지는 않고 곡물 과자처럼 살짝 가볍게 씹히는 질감이 경쾌하다. 표면에 사탕수수당이 올라가서 가슬가슬한 느낌도 좋다.

7 물리노 비앙코, 마치네
Mulino Bianco, Macine
www.mulinobianco.it, 2.49€

마찬가지로 프롤리니 쿠키 중 하나로 생크림이 들어가서 비스코토네보다는 부드러운 느낌이다. 밀가루, 계란, 생크림으로 만드는 정말 기본적인 과자인데 묘하게 끌린다. 지금은 한국에 있지만 이탈리아에 오랜 기간 거주했던 지인이 부탁했던 단 하나의 물건이 바로 이 과자였다. 그만큼 중독성이 엄청나다.

피렌체의 백합
Giglio Fiorentino

피렌체는 '꽃들의 도시'를 의미ㅎ 단어 'Fiorenza'에서 유래했ㄷ 하는데 그 이유에서인지 도시를 상징하는 문양 역시 꽃이다. 대부분 편의상 피렌체의 백합이 부르는 이 문장은 사실 붉은 붓꽃 형상화한 것이다. 피렌체 공화정 시절부터 피렌체를 상징하는 깃발로 쓰였고 현재도 피렌체사 상징하는 문장으로 도시 곳곳에 쉬이 발견할 수 있다.

디치가 문장
temma dei Medici

럽의 귀족에는 각 가문을
징하는 문장이 있다. 피렌체의
사에서 메디치 가문을 빼놓을 수
는 만큼 메디치가의 문장 역시
렌체 곳곳에서 눈에 띈다.
디치가는 구(球)가 박혀 있는
태의 문장을 사용하는데 구의
수가 11개인 시절도 있었으나
65년 이후에는 현재와 같이
개로 자리 잡았다. 문장의 기원에
해 정확히 밝혀진 바가 없어 구가
엇을 상징하는지는 여러 설이
다. 메디치가가 은행업으로
를 축적한 가문이었기에 동전을
상화했다는 주장도 있고 오늘날
탈리아어로 'medici'가
사들을 의미하니 메디치가
상 중에 약사가 있어 알약이나
료 기구를 상징한다는 의견도
다. 또는 방패의 찌그러진
분을 표현한 것이라는 설도
다. 유래야 어찌 되었든 숨겨진
디치가 문장을 찾아보는 것도
시를 여행하는 또 다른 재미가
 것이다.

1

피렌체 가족의 삶은 어떤가요?

왼쪽부터
그리네트 미니아티(Grynet Miniati)
로렌초 미니아티(Lorenzo Miniati)
안셀모 미니아티(Anselmo Miniati)
토비아스 미니아티(Tobias Miniati)
코시모 미니아티(Cosimo Miniati)

간단한 자기소개를 부탁합니다.

안셀모(이하 Ⓐ) 이 집 막내인 안셀모 미니아티입니다. 초등학교 5학년이고요. 주변 개천으로 낚시 가는 것을 좋아하고 새의 깃털 모으는 것이 취미예요. 삼촌이 사냥하러 가실 때 따라가면 사냥 이후에 깃털을 주울 수 있도록 해주시거든요. 요즘은 유도도 취미로 하고 있어요.

토비아스(이하 Ⓣ) 둘째 토비아스이고 중학교 2학년이에요. 초등학교랑 중학교가 같이 있어서 안셀모랑 같은 학교에 다니고 있어요. 저도 유도를 해요. 피아노와 바이올린을 연주하면서 오케스트라 활동도 하는데 나중에 음악을 전공하고 싶어서 요즘은 솔페지오(solfeggio)*를 공부하고 있어요. 독서도 좋아하고요.

* 솔페지오: 계명을 붙여 악보 읽는 법을 배우는 것으로 악보를 읽거나 음을 듣고 맞히는 능력 등을 기르는 행위

코시모(이하 Ⓒ) 저는 코시모입니다. 고등학교 1학년이고, 지금은 라틴어를 배우지 않는 고등학교에 다니고 있지만 곧 라틴어를 배우는 학교로 전학 갈 계획이에요. 현재의 학교는 기술을 주로 배우는데 의학을 전공하려면 라틴어가 꼭 필요해서요. 자신의 진로에 따라 교과 과정을 선택할 수 있어요. 저도 유도를 하고 있고 10살 때부터 피아노를 쳐서 지금은 꽤 잘 연주해요. 손으로 무언가 만드는 것을 좋아해서 이것저것 만드는데 요즘은 피리 만드는 데 빠져 있어요. 제가 만든 피리로 직접 연주할 수도 있고요.

로렌초(이하 Ⓛ) 세 아들의 아빠인 로렌초 미니아티입니다. 피렌체에서 태어나서 지금까지 살고 있어요. 아버지는 피렌체분이고 어머니는 피렌체 인근 라스트라아시냐(Lastra a Signa) 출신이라 완벽한 피오렌티니라고 하기는 어려워요.** 보험업에 종사하고 있고 일을 많이 하는 편이라 취미는 딱히 없어요. 자전거

타거나 가족과 시간 보내는 것을 좋아해요. 그리고 디저트처럼 단것을 좋아해서 최고의 제과점을 찾아 다녀요.

** 라스트라아시냐도 행정구역상 피렌체현 내에 있다. 다만 '피렌체 사람들(fiorentini)'은 적어도 3대 정도 피렌체시에서 나고 자란 사람들을 지칭할 정도로 좁은 의미로 사용하는 편이다.

오, 그럼 피렌체에서 꼭 가봐야 하는 제과점을 추천해주세요.

Ⓛ 돌치 에 돌체체(Pasticceria Dolci e Dolcezze)를 추천하고 싶어요. 아내를 처음 만난 곳이기도 하고요. 초콜릿케이크의 초콜릿이 굉장히 진해요. 이걸 꼭 먹어봤으면 좋겠고요. 토르타 피스토키(Torta Pistocchi)의 초콜릿케이크도 맛있어요. 여기는 가게보다 공방 같은 느낌이라 찾기 조금 어려울 수도 있는데 굳이 찾아가 볼 만한 곳이에요.

그리네트는 독일 출신이라고 들었는데 두 분은 어떻게 만나신 건지 궁금해요.

그리네트(이하 Ⓖ): 저는 독일 베를린에서 패션을 전공하고 극장에서 무대의상 디자인을 했어요. 프리랜서로 디자이너나 스타일리스트 일을 하다가 2001년 에라스무스(Erasmus) 교환학생 프로그램으로 이탈리아에 오게 되었어요. 그때 피렌체로 여행 왔다가 로렌초를 만났고 2004년에 피렌체에 정착했어요. 여기서도 극장에서 의상이나 무대 제작 관련 일을 했는데 아이가 생기면서 일을 그만두게 되었어요. 애가 있으면 풀타임으로 일하기가 쉽지는 않아서요. 지금은 도자기를 만들어 판매하는 일을 하고 있어요.

Ⓛ 그리고 최고의 케이크를 만들어요. 케이크를 정말 맛있게 잘 만들어줘요.

아침 식사는 보통 어떻게 하시나요?

Ⓒ 비스코티나 크루아상에 버터 그리고 커피와 우유를 곁들이는 것이 전형적인 토스카나식 아침 식사일 거예요. 그런데 저희는 전통에서 완전히 벗어난 스타일로 먹어요.

Ⓐ 저는 타히니(tahini, 중동 지역에서 즐겨 먹는 참깨 소스의 일종)와 꿀을 섞어 빵에 발라 먹어요. 뮤즐리에 물을 타고 견과류와 말린 과일을 섞어 죽처럼 만들어 먹기도 하고요.

Ⓛ 안셀모 식성이 굉장히 독특한 편이에요. 보통 자기 아침은 직접 만들어 먹는데 저도 안셀모처럼 주로 뮤즐리를 먹어요.

Ⓣ 저는 미유(rice milk)에 시리얼을 넣어 먹어요. 코시모 형은 시리얼을 우유에 먹고요.

Ⓖ 브리오슈에 커피 그러니까 토스카나식으로 먹거나 아이들이 없을 때 아주 가끔 전형적인 독일식 아침 식사도 해요. 빵과 잼, 삶은 달걀과 햄, 치즈를 먹죠. 아침에 저마다 다른 걸 먹긴 하는데 한 가지 공통점은 다들 차를 마셔요. 허브차나 녹차를 아침에 즐겨 마셔요.

그럼 평소 물건을 살 때는 주로 어떤 곳을 이용하세요?

Ⓖ 슈퍼마켓보다 시장에 가요. 중앙시장이나 산탐브로조 시장이요. 주말에 광장마다 크고 작은 장이 많이 서거든요. 파머스 마켓도 많고요. 보통 그런 데를 가죠. 아니면 나투라시(NaturaSì)라고 유기농 제품을 전문으로 판매하는 매장이 따로 있어요. 우유 같은 공산품은 여기서 사요.

평일에는 다들 학교에 가죠. 이탈리아 학교에도 급식이 있나요? 어떤 메뉴가 나오는지 궁금해요.

Ⓐ 급식에 관해 이야기하고 싶지 않아요. 외부 업체에서 음식을 받아먹는 식인데 포크 하나로 모든 채소를 죽으로 만들 수 있을 정도로 과하게 익혀서 와요. 피자는 아예 안 익혀서 나오기도 하고요.

Ⓣ 안셀모와 같은 학교에 다녀서 급식 메뉴가 같은데 저는 큰 불만이 없어요. 안셀모가 특별 활동 등으로 점심을 못 먹는 날만 고기반찬이 나오더라고요. (웃음) 메뉴는 한 달 단위로 반복되는데 여기 식단표를 한번 보세요.

이게 식단표군요. 주파 토스카나(zuppa toscana)와 파네 토스카노(pane toscano)라는 메뉴가 눈에 띄는데 어떤 음식인가요?

Ⓐ 주파 토스카나*는 토스카나의 수프란 뜻인데 다양한 콩과 곡류를 넣어서 끓인 수프예요.

Ⓣ 파네 토스카노**는 토스카나 지역의 전통 빵인데 굉장히 특별해요. 매우 딱딱하죠. 다른 빵과 가장 큰 차이라면 소금이 들어가지 않아요. 물, 밀가루, 효모, 이렇게 3가지로만 만드는데요. 옛날에는 소금이 아주 귀했기 때문이라고 하더라고요. 보통 피렌체 음식에는 살라미나 프로슈토가 있는데 이건 소금이 많이 들어가서 짭짤하잖아요. 소금이 들어가지 않은 빵과 잘 어울리죠.

Ⓒ 그래서 피렌체 빵을 활용한 판자넬라(panzanella)도 전형적인 피렌체 음식이에요. 빵을 잘게 잘라서 샐러드처럼 만드는 건데요. 빵에 소금기가 없으니 다른 음식에 활용하기 좋아요. 피렌체 빵에 소금이 들어가지 않는다는 사실은 굉장히 중요해요. 올리브유에 소금을 섞어 빵을 찍어 먹는 방식도 여기서 유래한 것이고요.

* 주파 토스카나: 토스카나 지역의 수프 또는 빵 수프(minestra di pane)를 의미한다. 콩이나 곡류 외에 당근, 호박, 감자, 양파 같은 다양한 야채와 토스카나 빵, 베이컨 등을 넣어 끓인다.

** 파네 토스카노: 무염 반죽이 큰 특징으로 소금이 부족한 상태에서 빵을 만들면 효모가 더 효과적으로 발효한다. 겉은 쫄깃하고 속은 푹신하다.

주말이나 저녁에는 보통 무엇을 드시나요?

Ⓐ 저녁은 가족이 다 같이 모여서 먹어요. 메뉴는 대체로 샐러드고요, 토스카나 빵에 올리브오일과 소금, 콩이나 곡물류 아니면 치즈나 달걀 등을 먹어요. 저녁은 가볍게 먹어요.

Ⓖ 우리 가족에게는 금요일이 가장 중요해요. 금요일 저녁에 피자를 만들어 먹거든요. 우리 집안의 전통으로 자리 잡았어요. 각자 자신만의 피자 레시피가 있어요.

와, 나만의 피자 레시피가 궁금해요.

Ⓐ 포카치아에 스펙(speck)을 올려요. 훈제 햄 같은 거예요. 그리고 올리브오일을 아주 많이 뿌려요. 토마토소스는 넣을 때도 있고 아닐 때도 있지만 올리브오일은 매번 꼭 넣어요. 아주 중요하죠. 가끔 올리브도 올려요.

Ⓒ 저는 칼초네(calzone)*를 좋아해요. 안에 모차렐라 치즈와 프로슈토를 듬뿍 넣어요. 그리고 올리브와 오레가노, 토마토소스, 올리브오일도 넣어요. 여기에 약간의 페페론치노와 후추를 추가하는 것이 저만의 방식이에요.

Ⓣ 저는 토마토소스와 스펙만 올리거나 마리나라(marinara) 소스**를 이용해요.

Ⓖ 남편과 저는 주로 마르게리타 피자를 먹어요. 가장 기본적인 피자 형태로 토마토소스에 모차렐라 치즈, 바질잎을 올리거나 리크를 얹어요.

* 칼초네: 밀가루 반죽 사이에 고기, 치즈, 야채 등을 넣고 반으로 접어 구운 요리. 만두와 비슷한 모양새인데 피자의 일종으로 구분된다.

** 마리나라 소스: 토마토, 마늘, 양파, 허브 등으로 만드는 토마토소스

와인은 잘 안 드시나요? 토스카나에 좋은 와인이 워낙 많잖아요.

Ⓛ 저는 피렌체 사람이지만, 커피나 와인을 안 마셔요. 여러 허브를 넣어 만든 리큐르의 일종인 키나토(chinato)를 식전에 가끔 아니면 식후에 빈산토(Vin Santo)를 한 잔씩 마셔요. 둘 다 아주 달죠. (웃음) 특히 만치노 베르무트(Mancino Vermouth)의 키나토를 추천하고 싶어요. 주류 전문 매장에 가야 구할 수 있는 제품이긴 한데요. 여름에 얼음 하나 정도 넣어 식전에 마시면 입맛을 돋워줘요.

마지막으로 피렌체에서의 삶은 어떠한지 짧게 정의하여 표현해주세요.

Ⓖ 좁다(stretta). 여기는 길도 좁고 관계도 가깝고 좁아요. 장점이 되기도 하고 단점인 것 같기도 해요.

Ⓒ 저는 움직임이요. 피렌체에서는 항상 매일 새로운 일이 일어나요.

Ⓛ 관광. 팬데믹을 겪으면서 관광이 피렌체에 미치는 영향을 새삼 다시 생각해보았어요. 관광이 부재한 피렌체는 마치 죽은 것 같았거든요. 음식점이나 공방들도 다 문을 닫았었고요. 삶의 에너지가 사라진 느낌이었어요.

Ⓣ 아빠의 말에 공감하고 동의하지만 관광객이 없는 피렌체가 저는 좋기도 했어요. 아무도 없는 두오모 광장을 자전거로 마음껏 달려볼 수 있었거든요. 그때가 가끔 그립기도 해요.

Ⓐ 음, 저는 비둘기요. 피렌체에 비둘기가 많기도 하고요. 얼마 전에 정원에 다친 비둘기가 들어왔거든요. 모이도 주고 보살펴주었더니 비둘기 사이에서 소문이 났는지 찾아오는 비둘기가 하나둘 늘어나서 5마리가 되었어요. 이곳에서의 삶이 얼마나 멋진지 비둘기도 알게 된 것 같아요. 우리를 찾아온 비둘기가 관광객처럼 느껴지기도 해요.

BUS
BUS

미켈란젤로 광장 Piazzale Michelangelo

언덕에 위치한 광장으로 피렌체 도시 전경과 아르노강을 한눈에 감상할 수 있다. 르네상스의 예술가 미켈란젤로에게 헌정한 곳으로 그의 다비드상 복제품이 여기 있다. 걸어 올라가기 조금 힘들긴 하지만, 노을이 질 때 풍경이 특히 아름다워 한 번쯤 가볼 만하다.

산 미니아토 알 몬테 수도원 Abbazia di San Miniato al Monte
로마네스크 건축의 모범을 보여주는 산 미니아토 알 몬테는 본래 1018년 베네딕토회의 수도원으로 지어져 피렌체 최초의 순교 성인인 성 미니아토에게 헌정되었다. 이후 피렌체의 성당 건축에 많은 영향을 미쳤고 피렌체 도시가 한눈에 내려다보이는 위치에 있어 오늘날 경치를 즐기는 많은 관광객이 찾는 명소가 되었다.

피렌체 대성당 Cattedrale di Santa Maria del Fiore
피렌체 대성당을 흔히 두오모라 부르지만, 사실 두오모는 고유명사가 아니라 이탈리아어로 대성당 그 자체를 의미하니 피렌체뿐만 아니라 지역마다 두오모가 있다. 피렌체 대성당의 정식 명칭은 '꽃의 성모 마리아 성당'으로 흰색, 녹색 그리고 붉은 대리석의 화려한 외관이 인상적이다. 13세기 인구가 늘어나면서 더 큰 성당이 필요해진 피렌체는 1296년 성당 공사를 시작한다. 그러나 경제적 문제, 흑사병 등으로 공사가 지연되어 1436년이 되어서야 어느 정도 완성했고 파사드나 입구는 그 이후에도 계속해서 지어나갔다. 15세기에 브루넬레스키가 만든 돔이 피렌체 대성당의 가장 큰 특징으로 이는 여전히 세계에서 가장 큰 조적식 돔이다. 르네상스 건축의 상징임과 동시에 이후 서양 성당 양식에 많은 영향을 미친 성당이다.

the Street (Cathedral)

점심 뭐 먹지?

Let's Have Launch

’s Have Launch

파스타부터 살루메, 치즈, 와인까지.
미식의 도시에서 무엇부터 먹어야 할지,
메뉴는 어떻게 읽는 건지 매 순간 고민이 된다.
처음에는 기나긴 알파벳에 겁먹기 마련이지만
잘 들여다보면 재료와 원산지, 조리 방식을
줄줄이 늘어놓은 것으로 음식 이름이 참 정직하다.
토스카나 사람들은 믿을 만한 지역에서 재배한
양질의 재료가 요리에서 가장 중요하다고 생각한다.
이에 음식은 그만큼 간결하고 담백하다.
모두 토스카나의 풍요로운 자연환경 덕분이다.
어떤 메뉴든 재료 본연의 풍미를 즐기기 좋으니
두려워 말고 자신 있게 도전하자.

오늘의 메뉴
Today's Menu
2

Pasta
파스타

멧돼지 라구 리가토니

이탈리아에서는 점심과 저녁 메뉴를 엄격히 구분하지 않는다. 다만 점심과 저녁 모두 본래 코스로 구성되는데 요즘은 특별한 날에만 모든 코스를 챙겨 먹는다. 일상적으로 전채(antipasto), 프리모(primo, 파스타나 리조토, 수프 등 첫 번째 요리), 세콘도(secondo, 고기나 생선 요리 같은 두 번째 요리), 디저트(dolce) 중에서, 전채와 세콘도 또는 프리모와 디저트 등 일부만 선택해서 먹는 편이다. 프리모와 세콘도만 하더라도 종류가 워낙 다양하여 모두 소개하기는 어렵고 피렌체에서 시도하면 좋을 몇 가지 음식만 언급한다면, 멧돼지 라구 파스타, 화이트 트러플 리조토, 피렌체식 티본스테이크, 트리파 요리를 추천한다. 전채나 간단한 점심으로 즐기는 판자넬라 또는 닭 간을 얹은 크로스티니(crostini toscani) 역시 토스카나 지역에서 만날 수 있는 별미다.

2

피렌체에서 이주민의 삶은 어떤가요?

마리코 시라이시(Mariko Shiraishi)

간단한 자기소개를 부탁합니다.

마리코입니다. 피렌체에서 남편, 두 아들 그리고 강아지들과 살고 있어요. 일본 도쿄 출신이고 현재는 프리랜서로 패션 일을 하고 있습니다. 패션 마케팅이나 바이어 미팅 등 패션 관련하여 이탈리아와 일본을 연결하는 일이라면 대체로 맡고 있어요.

피렌체로 이주하게 된 계기가 궁금해요.

1999년에 피렌체로 어학을 공부하러 왔고 2000년에 지금의 남편을 알게 되었어요. 당시에도 패션 분야 일을 하고 있어서 일본과 이탈리아에 오가고 있었는데요. 2004년 대학에 진학하며 피렌체에 다시 오게 되었고 그때 남편과 연애를 시작해서 이듬해에 결혼했어요. 일본의 가족과 친구들은 제가 한 1년 정도 있다가 돌아올 줄 알았다는데 여기에 눌러살게 되었네요. (웃음)

일 때문이라면 다른 나라나 도시를 선택하실 수도 있지 않았을까요? 패션으로 유명한 도시가 워낙 많으니까요.

맞아요, 영국 런던이나 미국 뉴욕도 관심 있었어요. 그런데 피렌체가 의류 생산의 중심지거든요. 이탈리아 유명 브랜드뿐만 아니라 프랑스 브랜드도 대부분 여기서 생산해요. 이탈리아 패션 시장이 좋았고 이탈리아어를 제대로 배우려면 피렌체로 가야 한다는 이야기를 많이 들었어요. 사실 결과적으로 무엇보다 큰 이유는 남편 때문이에요. 남편이 피오렌티노라 피렌체에 정착하게 된 거죠.

남편분을 잠시 소개해주신다면요.

식료품 회사에서 연구원으로 일하고 있어요. 생물학자예요. 그래서인지 식사할 때도 영양소를 완벽하게 계산해서 한 접시를 구성해요. 탄수화물, 단백질, 무기질 등이 골고루 들어가도록이요. 그리고 야채 위주로 먹으려고 노력해요. 이탈리아 요리에 야채가 많은 편은 아니거든요.

아침 식사는 보통 어떻게 하시나요?

저는 아침에 커피만 마시는데 남편은 커피에 비스코티나 크루아상을 무조건 담가서 먹어요. 아이들은 비스코티나 브리오슈에 우유 또는 코코넛 밀크를 마시고요. 이탈리아는 아침을 바르에서 해결하는 문화가 있잖아요. 저도 가끔은 밖에서 에스프레소와 간단한 돌체로 아침 식사를 해요.

이탈리아 아침에서 커피를 빼놓을 수가 없죠. 내외분은 어떤 커피를 즐겨 마시나요?

저는 캡슐 커피를 마셔요. 모카포트로 유명한 비알레티에서 캡슐 커피 제품도 나오는데 오전에는 나폴리를 마시고 오후에는 보통 밀라노를 선택해요. 나폴리와 밀라노, 둘 다 제품명이에요. 나폴리가 밀라노보다 카페인이 더 강하거든요. 아메리카노 스타일로 커피를 뽑아서 우유와 설탕을 조금 넣어 먹어요. 남편은 모카 커피를 좋아해요. 모카포트로 내린 커피요. 이탈리아 사람들 대부분 집에서는 모카 커피를 마실 거예요. 남편은 모카 커피라면 브랜드 관계없이 마시고요. 커피를 진하게 내려서 우유와 설탕을 조금 섞어 마시더라고요.

그럼 점심에는 주로 무엇을 드시나요?

보통 간단하게 파스타를 해 먹어요. 짧은 면의 파스타(pasta corta)를 좋아해서요. 리가토니(rigatoni)나 콘킬리에테(conchigliette)를 자주 먹어요. 라구는 많은 양을 한꺼번에 끓여야 해서 가끔 만들면 조금씩 나누어 냉동실에 보관해두거든요. 보관해둔 소스를 파스타에 부어 먹거나 일본 스타일로 참치나 양파를 얹고 참깨와 간장으로 양념해서 먹기도 해요. 아, 슈퍼마켓 에셀룽가 PB 제품 중에 호두 소스(salsa alle noci)가 있는데 이게 진짜 맛있어요. 이것도 자주 먹어요.

이탈리아 저녁이라고 하면 전채, 프리모, 세콘도, 디저트로 이어지는 코스를 떠올리게 되는데요. 실제 저녁 식사는 어떠한가요?

평소에 모든 코스를 챙겨 먹지는 않고 손님이 오거나 특별한 날에만 그렇게 해요. 저희는 열흘에 한 번 정도 외식하거나 시켜 먹고, 일주일에 한 번은 저녁으로 피자를 먹어요. 금요일에는 생선 위주로 먹고요. 이건 아마 기독교적 관습에서 유래한 것 같은데 과거 유럽에서 금요일에 육류 섭취를 금하여 해물을 먹었다고 하더라고요. 집에서 저녁 먹을 때는 디저트까지 챙겨 먹지는 않아요. 과일 정도 먹죠. 그런데 친구 집에 놀러 갈 때는 디저트를 보통 사 가요. 여름에는 젤라토, 겨울에는 보통 프로피트롤(profiterole, 슈크림)을 가져가요. 가정용 젤라토 기계가 있는 집에서 누군가 젤라토를 만들어 오기도 하고요.

어떤 피자를 좋아하세요?

저는 살라메 피칸테(salame piccante, 매운 햄)와 루콜라가 올라간 피자를 좋아하고요. 집에서 애들을 위해서 피자를 만들 때는 마요네즈, 살시차(salsiccia, 소시지의 일종), 옥수수, 버섯 등을 넣어요.

평소 물건을 살 때는 어떤 곳을 이용하시나요?

주로 슈퍼마켓 에셀룽가에 가요. 일주일에 한 번 정도 에셀룽가에서 장을 보고 모자라는 것은 근처에서 구매해요. 포르노(forno)* 나 동네 과일 가게에 종종 가죠. 올리브오일은 사본 기억이 없네요. 친구들 농장에서 올리브 따는 일을 도와주면 올리브오일을 나눠주곤 하거든요. 그러면 1년은 거뜬해요.

* 포르노: 원래 빵을 굽는 오븐이라는 뜻으로 작은 빵 가게나 제과점을 뜻한다.

와인도 에셀룽가에서 구매하시나요? 슈퍼마켓에서 판매하는 와인만 해도 종류가 엄청 다양하더라고요.

동네 골목마다 와인 파는 곳이 있어요. 친구

집에 초대받았을 때는 병와인을 사 가기도 하지만, 평소 집에서 마시는 와인은 동네의 작은 와인 가게에서 빈 병이나 종이팩에 담아와요. 필요한 만큼만 저렴하게 구매할 수 있어서 좋아요.

피렌체를 찾는 관광객이 꼭 해보았으면 하는 일을 소개해주신다면요.

미켈란젤로 광장에서 피렌체 전망을 둘러보면 좋겠고요. 우피치를 비롯하여 피렌체의 미술관, 박물관에 꼭 가보길 추천해요. 저는 피티 궁전도 굉장히 좋아하는데 바로 옆의 보볼리 정원도 참 예뻐요. 피렌체는 대부분 지역을 걸어 다닐 수 있는 도시라 특정한 목적지를 정해두기보다는 여기저기 걸어 다니면서 자신의 취향에 맞는 가게를 찾아보는 것도 좋겠어요.

그럼 좋아하는 가게 몇 군데 추천해주세요.

지금 네 군데 정도 떠오르는데요, 제라드(Gerard), 로프트(Loft), 플로우(Flow), 프리베(Privé)요. 제라드는 피오렌티니 사이에서 오랜 기간 명성을 쌓은 편집숍이고요, 로프트와 플로우는 그의 가족들이 운영하는 곳이에요. 일본 사람들도 굉장히 좋아하죠. 시내에 나갈 때는 여기 세 군데를 자주 가고, 집 근처 마르코니 거리(Via Guglielmo Marconi)에도 프리베를 포함하여 예쁜 가게들이 많아서 구경 가곤 해요.

즐겨 가는 식당이나 젤라테리아도 몇 군데 알려주세요.

집 근처의 젤라테리아 모르딜라테(Gelateria Mordilatte)에 자주 가요. 아들 친구네가 하는 곳이기도 해서요. 피렌체 시내에 젤라테리아 데이 네리(Gelateria dei Neri)도 좋아하고요.

아비아치오네 캄포 디 마르테(Aviazione Campo Di Marte), 여기는 햄버거가 맛있고요. 주졸로(I' Giuggiolo Osteria Pizzeria)는 코콜리(coccoli)*를 포함해서 전 메뉴를 추천할 만해요. 그리고 미켈란젤로 광장 뒤쪽에 베파 피오라이아(Beppa Fioraia)라는 식당이 있는데 여기는 가기 전에 야외 좌석을 예약하고 가세요. 경치도 좋고 전채 메뉴가 특히 맛있어요.

* 코콜리: 반죽 안에 햄과 치즈를 넣고 동그란 도넛처럼 만들어 튀긴 음식

일본과 이탈리아, 양국에 거주하며 느낀 문화적 차이점이 있을까요?

그럼요, 완전히 달라요. 일본에서는 친구 집에 잘 가지 않거든요. 그런데 여기서는 사람을 집에 초대해서 같이 밥을 먹고 시간을 보내요. 그래서인지 이탈리아 사람들은 집이 참 깨끗해요. 이탈리아 청소용품 중 유명한 것들도 많고요. 그리고 아이들이 하교할 때 무조건 데리러 가야 해요. 보호자가 오지 않으면 아이를 보내지 않아요. 일본은 친구들끼리 하교하는 문화가 있어서 굳이 데리러 가지 않아도 되는데 여기서는 보호자 없이 집에 못 가게 하더라고요.

마지막으로 피렌체에서의 삶은 어떠한지 짧게 정의하여 표현해주세요.

작다(piccolo). 피렌체는 물리적 공간도 그렇고 커뮤니티도 작은 동네예요. 대부분 한 다리만 건너면 아는 사이라 어떻게 사는지, 무엇을 하는지 서로 알고 도와줘요. 좋기도 하지만, 저는 도쿄에서 자라서 그런지 대도시 특유의 익명성이 그리울 때도 있어요. 저만의 시간이 필요하기도 하고요.

마리코가 대접한 점심 식사. 토스카나 지역의 빵인 스키아차타(schiacciata) 그리고 마찬가지로 이 지역의 살라미인 피노키오나(finocchiona) 등 지역 음식으로 식사를 차려주었다.

쿠치나 포베라,
간결한 토스카나 음식의 세계

D E E P I N S I D E 1

김성윤

조선일보 음식전문기자로 2000년 입사해 기자 경력 대부분 음식 분야를 취재해왔다. 이탈리아에 있는 세계슬로푸드협회 설립 미식학대학(UNISG)에서 "이탈리아 지역별 파스타 비교 분석"으로 석사 학위를 받았다. 지은 책으로 『커피 이야기』, 『식도락계 슈퍼스타 32』, 『세계인의 밥』, 『이탈리아 여행 스크랩북』, 『음식의 가치』(공저)가 있다. 방송, 유튜브 등 다양한 매체와 플랫폼으로 활동 영역을 넓혀가는 중이다.

"쿠치나 포베라(cucina povera)." 이탈리아에서 1년 동안 음식을 공부하면서 가장 많이 들은 말이다. 어느 지역을 찾아가든 "당신네 음식의 특징이 무엇이냐"는 질문에 요리사, 식당 주인, 향토 음식 연구가 등 지역 음식 전문가들은 쿠치나 포베라, 즉 '가난한 요리'라고 답했다. 부족하고 궁핍한 상황에서 주린 배를 채우기 위해 그나마 가진 자원과 지혜를 짜내 어떻게든 만들어낸 음식들이 오늘날 자신의 지역을 대표하는 식문화로 발전했다는 뜻이었다.

토스카나 지역도 마찬가지다. 토스카나 사람들은 자신의 음식을 "쿠치나 포베라"라며 자랑스러워한다. 피렌체를 포함해 토스카나 도시들을 통치한 귀족들의 화려한 연회 기록이 많다. 하지만 그런 사치는 극소수의 즐거움이었고 토스카나 주민 대부분은 하루하루 힘들게 연명했다. 배불리 먹을 수 있는 때는 연중 잠시뿐이고 겨우 끼니를 해결하는 시간이 훨씬 더 길었던 것은 전 세계 어디나 마찬가지였겠지만 말이다.

간결하고 정직한 쿠치나 포베라, 유명한 토스카나 음식을 몇몇 소개한다.

입맛을 돋우는 – 크로스티니 · 라르도

크로스티니(crostini)

전채로 인기 있는 크로스티니(crostini)는 토스카나식 카나페라 할 수 있다. 이탈리아 다른 지역에서는 브루스케타(bruschetta)라고 부르기도 한다. 본격적인 식사 전 스파클링 와인이나 칵테일 같은 음료와 함께 먹는다. 파티에서도 즐겨 등장한다.

바삭하게 구운 작은 빵에 치즈나 햄, 소시지, 채소 등을 얹어 먹는다. 올리브오일이나 소스만 살짝 발라 먹기도 한다. 삶아서 곱게 으깬 닭 간(fegato)은 대표적인 크로스티니 토핑 중 하나다.

토스카나가 자랑하는 살루메(salume, 가공육) 중 하나인 라르도(lardo)를 토핑으로 얹을 수도 있다. 라르도는 순수한 돼지비계로 대리석처럼 새하얀 덩어리를 종잇장처럼 얇게 저며 먹는다. 베이컨처럼 다양한 음식에 활용할 수 있는데 입에 넣으면 사르르 녹으면서 짭조름하고 향긋한 감칠맛이 입안을 가득 채운다. 라르도는 대리석으로 만든 작은 직사각형 용기에 돼지비계와 소금, 향신료를 차곡차곡 쌓아 만든다. 돼지 등 부분 지방을 소금, 로즈메리 같은 허브와 함께 최소 6개월 숙성하면 향긋하고 고소한 별미가 완성된다.

토스카나 사람들은 카라라 대리석이라야 라르도가 제맛이 난다며 "라르도를 다른 지역에서도 만들지만 콜로나타의 라르도가 특별한 것은 카라라 대리석 때문"이라고 주장한다. 토스카나의 카라라는 세계적인 대리석 산지로 그중 콜로나타는 카라라 지역에 있는 작은 도시다.

미켈란젤로의 조각품 대부분이 카라라산 대리석으로 만들어졌고 미켈란젤로는 대리석을 고르러 카라라를 자주 찾았다. 대리석 광부들이 라르도를 좋아했다니 미켈란젤로도 그들과 함께 카라라 대리석으로 만든 또 다른 걸작, 라르도를 즐겨 먹지 않았을까.

이탈리아 요리의 필수 요소 - 올리브오일

대부분 이탈리아 요리에 빠지지 않는 재료가 있다면 바로 올리브오일이다. 토스카나는 올리브오일 생산량이 많지는 않지만, 이탈리아에서도 품질이 뛰어나기로 손꼽힌다. 쌉쌀하고 매운맛에 풋풋한 향이 특징이다. 보통 식용유는 콩(대두)이나 옥수수, 포도씨 등 씨앗에서 추출하는데 올리브오일은 올리브 열매를 눌러 착즙한 것이다. 그러니 기름이 아니라 올리브 '주스'라고 해도 무방한 셈이다.

올리브는 11월 중순부터 12월 말까지 수확한다. 올리브 열매는 시간이 지날수록 초록에서 검정으로 색이 변한다. 일찍 따서 짠 올리브오일은 초록빛이 진하고 나중에 짠 올리브오일은 황금빛이 난다. 올리브오일 특유의 맵싸한 맛과 풋내는 초록빛일 때, 아몬드를 연상케 하는 고소한 감칠맛은 금빛일 때 더 강하다. 올리브오일의 색과 풍미는 언제 수확했느냐에 따라 다를 뿐 품질의 차이를 의미하지는 않는다. 짜낸 지 얼마 되지 않은 올리브오일은 기름과 수분이 분리되지 않아 뿌옇다. 짜낸 올리브오일을 커다란 테라코타 항아리나 스테인리스 용기에 담아두면 물은 아래로 가라앉고 기름이 위로 뜬다. 이 기름만 떠서 기름병에 담아 올리브오일로 판매한다.

토스카나 사람들은 갓 짜낸 올리브오일을 페툰타(fettunta)로 즐긴다. 바삭하게 구운 빵에 반으로 자른 마늘을 문질러 마늘향이 배게 한 다음 올리브오일을 넉넉하게 뿌린다. 단순하면서도 풍부한 맛이다. 페툰타가 앞서 소개한 브루스케타의 시초라는 설이 있고 토스카나 지역에서 브루스케타류의 음식을 여전히 페툰타로 부른다.

빵의 재활용 - 리볼리타 · 파파 알 포모도로 · 판자넬라

리볼리타(ribollita)는 토스카나는 물론 이탈리아의 쿠치나 포베라를 보여주는 전형적인 음식이다. 딱딱하게 굳은 빵이 주재료로 리볼리타는 '다시 끓인(reboiled)'이라는 뜻이다. 하루 지난 미네스트로네(minestrone, 이탈리아식 야채수프)에 오래된 빵을 부스러뜨려 넣고 다시 끓여 만든 음식이 오늘날에 이르렀다는 설이 있다. 또 다른 설로는 중세 귀족 연회에서 납작한 빵을 접시로 썼는데, 하인들이 음식에 젖은 이 빵 접시와 여러 음식을 큰 솥에 함께 넣고 끓여 먹은 데서 유래했다고 한다. 한국전쟁이 끝난 뒤 미군 병사들이 남긴 '짬밥'을 모아 끓였다는 꿀꿀이죽과 비슷한 유래랄까.

판자넬라(panzanella)

만들어서 바로 먹는 것보다는 하루 뒤나 최소한 몇 시간 두었다가 먹으면 훨씬 더 맛있다.

리볼리타와 비슷한 음식으로는 파파 알 포모도로(pappa al pomodoro)와 판자넬라(panzanella)가 있다. 파파 알 포모도로는 리볼리타와 거의 같은데 건더기 없이 토마토 페이스트처럼 걸쭉한 죽 같은 수프다. 판자넬라는 쉽게 얘기하면 빵 샐러드다. 이탈리아 요리책 『실버 스푼(The Silver Spoon)』에 따르면, 빵을 찢어 찬물에 담갔다가 물기를 짜내고 소금, 후추, 바질잎을 뿌린 다음 올리브오일을 넉넉하게 둘러 버무린 후 깍둑썬 토마토를 더해 만든다. 여름철 시원하고 위에 부담을 주지 않는 점심으로 이탈리아 전역은 물론 세계적으로 즐겨 먹는 음식이 되었다. 인기가 높아지면서 참치, 삶은 달걀, 셀러리 등 다양한 재료를 추가하기도 한다. 하지만 토스카나 사람들은 이러한 변형은 선호하지 않고 오직 빵, 토마토, 바질, 올리브오일, 소금, 후추만으로 완성한 판자넬라를 고집한다. 이처럼 간결함이 토스카나 음식의 특징이다. 『왜 이탈리아 사람들은 음식 이야기를 좋아할까?』(랜덤하우스, 2010)에서 엘레나 코스튜코비치(Elena Kostioukovitch)는 "토스카나 요리는 무례할 정도로 간단하다"며 "하지만 주재료의 품질과 요리 방식만큼은 아주 깐깐하다. 재료의 배합을 엄격하게 규제한다"고 말했다.

피렌체 사람들은 "제대로 된 리볼리타를 만들려면 피렌체 빵이 반드시 있어야 한다"고 했다. 피렌체 빵은 싱거운 맛이 특징이다. 이탈리아 대문호 단테 알리기에리(Dante Alighieri)는 『신곡』 천국 편(박상진 옮김, 민음사, 2007)에서 "남의 빵을 먹고사는 맛이 얼마나 짠지,/ 또 남의 계단을 오르내리는 일이 얼마나/ 힘든 것인지를 너는 알게 될 것이다"라고 읊었다. 단테는 1265년 피렌체에서 태어났으니 늦춰 잡아도 800년 전부터 피렌체 빵은 이탈리아 다른 지역 빵보다 싱거웠을 것이다. 이는 비유적 표현뿐만 아니라 실제로 피렌체 빵에는 소금이 들어가지 않는다.

피렌체는 내륙도시라 소금을 경쟁 도시국가인 피사나 리보르노에서 수입해야 했기에 그 값이 비쌀 수밖에 없었다. 피사나 리보르노와 전쟁을 벌이는 등 관계가 원만하지 않을 때는 소금 공급이 끊기기도 했다. 그러다 보니 피렌체에서는 빵에 소금을 아예 넣지 않게 되었다. 이후 피렌체가 다른 도시들을 제압하고 토스카나의 패권을 차지하면서 이 심심한 빵이 토스카나를 대표하는 빵으로 자리 잡았다.

소고기의 변신 - 비스테카 알라 피오렌티나 · 트리파 · 람프레도토

외지인에게 유명한 토스카나 음식을 꼽으라 하면, 열에 아홉은 피렌체식 스테이크로 알려진 비스테카 알라 피오렌티나(bistecca alla fiorentina)를 얘기할 것이다. 이 음식은 T자 모양 뼈를 중심으로 한쪽에 안심, 다른 쪽에는 등심이 붙어있는 전형적인 티본스테이크로, 숯불 또는 장작불에 거뭇거뭇하게 구워서 소금이나 레몬즙을 뿌려 먹는다. 식당에서는 어떻게 구울지 절대 묻지 않는다. 물어봐도 "비스테카 피오렌티나는 레어로 먹어야 한다"는 대답만 돌아온다. 그리고 토스카나 사람들은 "비스테카 피오렌티나는 고기 두께가 5cm 이상 되어야 하고 클수록 맛있다"고 얘기한다. 아무리 작게 잘라도 혼자 먹기는 무리, 보통 둘 이상이 나눠 먹는다.

비스테카 알라 피오렌티나
(bistecca alla fiorentina)

오리지널 비스테카 피오렌티나는 반드시 키아니나(chianina) 품종의 소고기로 만들어야 한다는 순수주의자들도 있다. 키아니나는 토스카나 토종 품종으로 온몸이 새하얀 털로 덮여 아름답다 못해 신성한 느낌마저 들게 한다. 그런데 키아니나 소고기는 비싼 데다 구하기 쉽지 않아 대부분 식당에서 다른 지역이나 나라의 소고기를 쓴다. 요즘은 유럽에서 최고로 쳐주는 남미 아르헨티나산 소고기를 쓴다고 자랑스럽게 내세우는 셰프도 많다.

또한, 음식사학자들은 비스테카 피오렌티나가 토스카나 전통 음식으로 알려졌지만 사실 18세기 피렌체를 찾은 영국, 독일, 북유럽 관광객들의 수요로 탄생한 음식이라고 말한다. 비스테카의 어원이 영어 비프스테이크(beef steak)라는 말도 많다. 더욱이 이탈리아는 고기를 불에 직접 구워 먹는 그릴링(grilling) 요리법의 전통이 약한 편이다. 사실 비스테카 피오렌티나뿐만 아니라 우리가 전통 음식이라고 생각하는 것 중에 외국에서 유래되거나 그 역사가 길지 않은 경우도 의외로 많다.

한편 피렌체 사람들이 오랜 기간 즐겨 먹은 소고기는 사실 비스테카 피오렌티나가 아니라 소 내장일지도 모른다. 트리파(trippa)는 소의 첫째 위인 양과 둘째 위인 벌집위, 셋째 위인 천엽을 통칭하는데 피렌체 사람들에게는 자신의 정체성을 확인하는 소울푸드다. 중세 시대 멀리 스칸디나비아 북해 연안까지 진출한 피렌체 상인들이 명절에 모두 모여서 트리파를 푹 끓인 스튜를 나눠 먹으며 고향을 그리워했다는 기록도 남아있다.

트리파(trippa)

피렌체를 찾는 관광객들에게 인기 높은 '곱창 샌드위치'에도 실제로는 소 곱창이 아닌 토마토와 여러 채소를 넣고 푹 끓인 트리파가 들어간다. 피렌체 중앙시장 안에 이 샌드위치를 파는 가게가 몇 있다. 저렴한 데다가 푸짐하기까지 하다. 어떤 레드 와인이든 곁들이면 딱 좋다. 시장 안에선 다 네르보네(Da Nerbone)가 제일 유명하다.

트리파는 먹어봤다면 람프레도토(lampredotto)에 도전해보자. 막창이나 홍창이라 부르는 소의 넷째 위가 람프레도토로, 옛날 아르노강에서 많이 잡히던 민물장어 람프레다(lampreda)의 입과 비슷하게 생겼다 하여 붙여진 이름이다. 트리파보다 얇고 연하지만 구린내가 더 심하고 트리파와 마찬가지로 물에 삶아 샌드위치로 만들어 먹는다.

토스카나의 디저트 - 칸투치

에스프레소를 기반으로 한 커피 전문점이 일상화되면서 비스코티(biscotti)도 널리 알려졌다. 비스코티란 비스킷의 이탈리아말이다. 한국, 미국, 영국 등에서 파는 비스코티는 대개 길쭉한 타원형에 아몬드나 피스타치오가 드문드문 박혀 있다. 이러한 모양의 비스코티를 칸투치(cantucci)라고 한다. 그러니까 칸투치는 비스코티의 한 종류다.

피렌체에서 가까운 도시 프라토가 칸투치의 고향이다. 딱딱한 칸투치를 흔히 카푸치노에 적셔 먹는데 토스카나에서는 빈산토(Vin Santo)라는 단 와인에 찍어 먹는다. 빈산토는 수확한 포도를 다락에 널어놓고 말려서 수분을 줄이고 단맛을 강화한 디저트 와인이다. 빈산토에 찍어 먹으면 새콤달콤하면서 알코올 기운이 입안에 확 퍼진다. 커피보다는 빈산토가 칸투치와 훨씬 더 잘 어울리는 듯하다.

칸투치와 빈산토
(cantucci & Vin Santo)

사진 ⓒ뉴포맷

빈산토 Vin Santo
갓 수확한 포도를 바닥에 펼치거나 매달아 따뜻하고 환기가 잘 되는 곳에서 말린다. 몇 개월에 걸쳐 건조한 포도를 발효시킨 다음 최소 3년 이상 오크통에서 숙성시켜 만든다.

VASARI
PALACE
★ ★ ★
HOTEL
PARKING

산 벽

렌체 풍경에서 유독 비슷비슷한 건물 색상이 눈에 들어온다. 노란
벽, 붉은 지붕, 짙은 녹색의 덧창까지, 대부분 건물이 유사한 색조를
다. 이탈리아에서는 도시 경관과 조화를 이루도록 건물 외벽을
색(earth tone, 보통 광물성 안료 기반의 색채)으로 칠하도록
시하고 역사적 가치가 있는 건물은 보수 시 정부의 허가를 받아야
므로 보통 이 색감을 유지한다. 덧창이 짙은 녹색인 이유는 과거
충을 피하고자 비소를 섞은 물감을 발랐기 때문이라는 설이 있지만,
실하지는 않다. 피렌체 구도심에 해당하는 역사 지구는 1982년
네스코 세계문화유산에 등재되며 역사적·문화적 가치를 인정받아
물 개조나 변형이 거의 불가하고 과거의 모습을 간직하고 있다.

빨간 건물번호판

124R 번지를 찾는다. 118, 120, 122 다음에 있어야 하는데 없다. 피렌체는 여느 유럽 도시와 유사하게 길 한쪽은 홀수, 반대쪽은 짝수로 번지를 매긴다. 세로의 도로는 보통 아르노강에서 멀어질수록 번지 숫자가 커지고 가로의 도로에서는 아르노강의 흐름과 마찬가지로 동쪽에서 서쪽으로 숫자가 커진다. 그런데 여기 한 가지 변칙 사항이 있다. 거주용 건물에는 파랑 혹은 검정 번호가 붙는데 상업용에는 빨간 번호를 붙인다. 거주용 따로, 상업용 따로 번지를 매기므로 118, 120, 80R, 122, 82R 식으로 건물이 이어진다. R은 이탈리아어로 빨강을 뜻하는 'rosso'의 약자다. 여행자가 즐겨 찾을 수밖에 없는 카페나 식당 대부분 빨간 번호판이므로 피렌체의 번지 매기는 법을 잘 알아두자.

Supe
Mar

이탈리아 사람들 대부분 대형 슈퍼마켓보다 시장이나 작은 규모의 정육점, 생선 가게 등을 여전히 선호하지만, 코로나19 이후에는 여러 슈퍼마켓 체인에서 온라인 쇼핑과 배달 서비스를 제공하면서 오히려 슈퍼마켓 이용률이 늘어나기도 했다. 이탈리아 슈퍼마켓 체인의 가장 큰 특징을 두 가지 꼽는다면 첫째는 업계 1, 2위를 달리는 코프(Coop)와 코나드(Conad) 모두 협동조합 기반이라는 점이고 둘째는 대체로 훌륭한 PB 제품군을 자랑한다는 것이다. 슈퍼마켓마다 다양한 PB 라인이 있고 그중 지역 특산품을 기반으로 하는 프리미엄 식료품이나 유기농 제품군이 다소 높은 가격에도 불구하고 소비자의 충성도를 자랑하며 특히 인기가 좋다. 보통의 PB 라인이 가격경쟁력으로 승부하는 것과 사뭇 다른 분위기인데 그만큼 국내 식재료와 요리법에 대한 강한 자부심으로 제품의 품질을 깐깐히 따지는 이탈리아 사람들의 요리 사랑, 음식 사랑을 엿볼 수 있다.

r-

ket

in Firenze

코프
Coop

coop.fi
RUA67 A.S.D.
ACADEMY OF MARTIAL ARTS & FUNCTIONAL TRAINING

이탈리아 최대 슈퍼마켓 체인 중 하나로 동명의 협동조합에서 운영하며 상호 '코프(Coop)' 역시 협력을 뜻하는 "cooperazione"에서 따온 것이다. 코프 슈퍼마켓은 1967년 설립되었지만 협동조합의 역사는 더 오래된 것으로 알려져 있다. 권역별로 협동조합이 있으나 이탈리아 북동부 지역이 코프의 중심이라 대부분 지점이 토스카나와 에밀리아 로마냐 지방에 위치한다. 2023년 기준 전국에 1,600여 개의 지점이 있고 이탈리아인 7명 중 1명꼴로 코프의 조합원이다. 코프는 조합원이 생산한 제품의 공급을 최우선 원칙으로 삼아 슈퍼마켓 내 이탈리아 국내 제품 및 각지에서 생산한 채소나 과일이 차지하는 비중이 크다. 유기농 제품군(Vivi Verde, 비비 베르데), 프리미엄 식품군(Fior Fiore, 피오르 피오레), 글루텐 프리 등의 건강식품군(Bene Sì, 베네 시) 등 PB 제품군 또한 다채로운 것이 특징이다.

www.coopitalianfood.com

CIPOLLE BIANCHE FRESCHE GR250
5,80 €
1,45 €
al pz.
POMODORO ROSSO A GRAPPOLO
al kg
3,08 €
176
BASILICO VASSOIO GR 60
28,33 €
1,70 €
al pz.
2,38

fiorfiore
coop
Coppa
DA SUINI ALLEVATI ALL'APERTO
ALLEVATI SENZA USO DI ANTIBIOTICI
fiorfiore
coop
Prosciutto Stagionato
DA SUINI 100% ITALIANI
DA SUINI ALLEVATI ALL'APERTO
ALLEVATI SENZA USO DI ANTIBIOTICI
DOPO LA FASE DI SVEZZAMENTO
COPPA SUINO LIBER F-F COOP 90G
54,80 €
CRUDO SUINO LIBER F-F COOP 90G
86,80 €
al kg
DA SUINI ALLEVATI ALL'APERTO
fiorfiore
coop
Filetto Stagionato
ALLEVATI SENZA USO DI ANTIBIOTICI

코프는 협동조합 형태로 운영하기 때문인지 다른 슈퍼마켓에 비해 과일·야채 매대가 크고 인기가 좋다. 정육이나 신선 식품 역시 품질이 좋아 점원이 추천해주는 지역 특유의 햄이나 치즈를 사 먹어보는 것도 좋겠다.

코프는 다양한 PB 라인을 갖추고 있는데 그중 프리미엄 식품군의 피오르 피오레(Fior Fiore)와 유기농 제품군인 비비 베르데(Vivi Verde)가 특히 유명하다. 주로 글루텐 프리 제품으로 구성된 베네 시(Bene Sì)의 과자나 빵 역시 먹어볼 만하다.

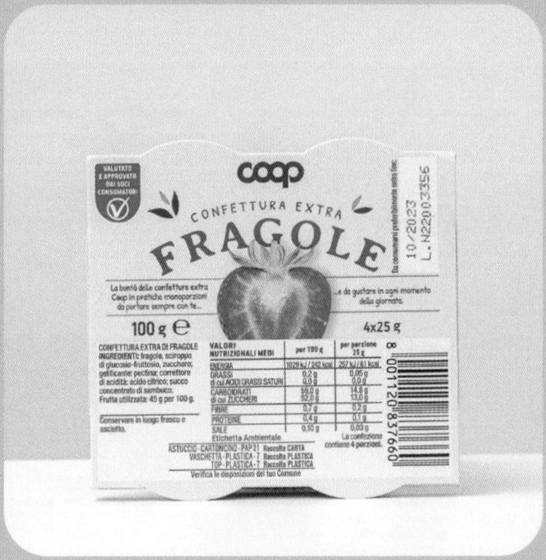
coop
CONFETTURA EXTRA
FRAGOLE
100 g ℮
4x25 g

Bene-sì
senza glutine
coop
Plum cake
preparato con yogurt
216g

vivi verde
coop
BIOLOGICO
€0,98

coop
Frolle ripiene
crema
pasticcera
SENZA OLIO DI PALMA
200g ℮

이탈리아 최대 슈퍼마켓 체인으로 전 지역에 매장이 고르게 분포하고 있어 흔히 찾아볼 수 있는 슈퍼마켓 중 하나다. 1962년 8개의 소매업체가 연합해 볼로냐에 첫 지점을 열었고 'CONAD'는 '전국 소매업체 컨소시엄'을 뜻하는 "Consorzio Nazionale Dettaglianti"의 약자로 코프와 마찬가지로 협동조합 형태로 운영된다. 2023년 기준 이탈리아 전역에 3,300여 개의 지점이 있으며 매장 규모 역시 다양한데 동네 슈퍼 규모의 '코나드 시티(Conad City)'가 가장 많아 여타 슈퍼마켓 체인과 비교하면 도심이나 관광지에서도 쉬이 보인다. 자체 프리미엄 브랜드인 사포리 에 딘토르니(Sapori & Dintorni Conad)와 사포리 에 이데(Sapori & Idee Conad)가 특히 유명하다.

www.conad.it

코나드
Conad

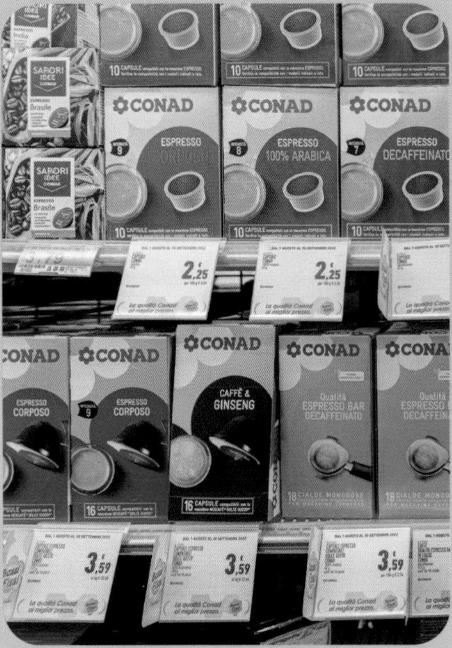
SAPORI IDEE
CONAD
ESPRESSO CORPOSO
ESPRESSO 100% ARABICA
ESPRESSO DECAFFEINATO
2,25
2,25
CAFFÈ & GINSENG
Qualità ESPRESSO BAR DECAFFEINATO
3,59
3,59
3,59
La qualità Conad al miglior prezzo.

CONAD
3,20
2,49
2,49
2,49
OLIVE VERDI INTERE
SAPORI DINTORNI

CONAD
COTOLETTE con POLLO e SPINACI
BOCCONCINI PANATI di POLLO
1,90
La qualità Conad al miglior prezzo.
precotti
3,80
1,50
2,50
3,80
3.89
9,99
ALETTE di POLLO ARROSTO
TAGLIATA di PETTO di POLLO

우리에게 팩소주가 있듯이 이탈리아에는 팩와인이 있다. 와인이 여전히 어렵게 느껴진다면 팩와인부터 시작해보면 어떨까. 종류가 다양하고 가격도 저렴하다. 슈퍼마켓의 올리브 병조림은 안주로 제격이니 순식간에 술상 차림 뚝딱!

프리미엄 라인 외에 코나드 자체 상품도 다양한데 가공식품·냉동식품류가 많고 대체로 가성비가 훌륭하다.

CONAD
Nuova ricetta
PIÙ
CROCCANTI
gli Appetitosi
PROSCIUTTO COTTO
+ MOZZARELLA
PRONTI in FORNO in 10 min
266g℮ SURGELATI 4 PEZZI

CONAD
OLIVE
ALL'ASCOLANA
PRONTE in FORNO in 8/9 min
250g℮ SURGELATE

CONAD
PRONTI da CUOCERE
CANNELLONI
al RAGÙ di CARNE
pasta fresca con uova
da galline allevate a terra
500g℮ SURGELATO

CONAD
SANGIOVESE
Rubicone
INDICAZIONE GEOGRAFICA TIPICA

CONAD
PRONTA
in PENTOLA
2 PORZIONI
ZUPPA con
LEGUMI,
ORZO e FARRO

CONAD
POLLO
ALI SEPARATE DI POLLO
FRESCO CLASSE A
FILIERA CONTROLLATA

사포리 에 딘토르니
Sapori & Conad

코나드
intorni

코나드의 프리미엄 브랜드인 사포리 에 딘토르니(Sapori & Dintorni)와 사포리 에 이데(Sapori & Idee) 제품을 만나볼 수 있는 매장이다.
사포리는 풍미 또는 맛, 딘토르니는 주변 환경을 의미하는데 이처럼 사포리 에 딘토르니는 이탈리아 각지를 대표하는 햄과 치즈, 올리브오일, 발사믹 식초, 각종 크림과 잼 등 지역 특산품 위주의 고급 식료품 라인이다. 대부분 제품에 DOP(Denominazione di Origine Protetta) 즉, 원산지인증마크 또는 IGP 인증 라벨이 붙어 있는데 IGP는 지리적 표시 보호(Indicazione Geografica Protetta)로 지리적 영향으로 우수한 품질로 생산된 제품을 인증하여 지리적 차별성을 인정하는 제도다.
한편 사포리 에 이데는 '맛과 아이디어'라는 이름답게 독특하고 신선한 재료의 조합으로 새로운 미식 경험을 제공하는 프리미엄 식료품 브랜드다. 일반 코나드 매장에는 두 브랜드 제품이 많지 않으니 궁금하다면 파란 간판의 사포리 에 딘토르니 코나드 매장을 찾아보자. 피렌체에는 두오모 그리고 베키오 다리 인근에 매장이 있다.

www.conad.it

미식의 천국 이탈리아에서 살루메(salume)를 빼놓으면 섭섭하다. 복수형인 살루미(salumi) 또는 살루메는 염지 가공육을 통칭하는 표현으로 그 종류가 수십 가지에 이르고 우리가 흔히 아는 프로슈토, 살라미, 살시차 등이 여기에 속한다. 지역마다 특산 살루메 종류가 서로 다른데 토스카나에서는 피노키오나(finocchiona)가 특히 유명하다. 향긋한 회향씨가 들어가 독특한 풍미를 자랑하고 피노키오나와 같은 방식으로 만들지만, 덜 숙성하여 더 촉촉한 살루메는 스브리촐로나(sbriciolona)라고 부른다.
사포리 에 딘토르니에 가면 살루메리아(salumeria, 살루메를 파는 가게) 못지않은 양질의 살루메를 만날 수 있다.

SAPORI DINTORNI CONAD
PECORINO TOSCANO DOP
18,90
Pecorino Toscano DOP
20,70
LUCCINI
CIPOLLE CARAMELLATE

Olive Nocellara di Sicilia intere
SAPORI IDEE CONAD
Olive Kalamata denocciolate
SAPORI DINTORNI CONAD
Olive Taggiasche della provincia di Imperia
Olive Itrana della Valle di Itri denocciolate
Cipolle Borettane
2,54
2,54
3,03
3,16
2,07

파란 라벨의 사포리 에 딘토르니 제품 또는 붉은 라벨의 사포리 에 이데 제품은 웬만하면 다 맛있다. 그중에서도 사포리 에 딘토르니의 살루메 제품과 사포리 에 이데의 파스타 소스 또는 초콜릿, 아이스크림 같은 디저트류를 특히 추천한다.

SAPORI
DINTORNI
CONAD
Aceto
Balsamico
di Modena
IGP

SAPORI
IDEE
CONAD
Salsa
Tartufata

SAPORI
IDEE
CONAD
SALE GROSSO
Integrale

SAPORI
IDEE
CONAD
FONDENTE
con Limone
e Zenzero

1957년 넬슨 록펠러(Nelson Rockefeller)가 미국식 슈퍼마켓을 표방하며 카프로티(Caprotti) 가족을 비롯한 이탈리아 동료들과 함께 설립한 대형 슈퍼마켓 체인이다. 현재는 카프로티 가족이 소유하고 있다. 간판의 기다란 S 모양이 어디서든 눈에 띄는데 에셀룽가가 곧 긴(lunga) S(esse)란 뜻이며 여기서 S는 슈퍼마켓을 상징한다. 이른바 미국식 슈퍼마켓이란 목표에 걸맞게 대부분 매장 규모가 크고 식품뿐만 아니라 공산품 등 물건이 다양하며 가격이 저렴한 편이다. 밀라노에 첫 매장을 열었고 1962년 중부로 지점을 확장했으나 오늘날 172개의 매장 중 대부분이 이탈리아 북부에 있다. 2001년 이탈리아 슈퍼마켓 체인 최초로 온라인 쇼핑 서비스를 도입했는데 다른 슈퍼마켓이 코로나19 이후 온라인몰을 시작한 데 비해 에셀룽가는 팬데믹 시기 온라인 쇼핑 수요에 맞춰 원활한 배달 서비스를 바로 제공하여 편리한 슈퍼마켓이라는 이미지를 구축했다.

에셀룽가

sselunga

www.esselunga.it

에셀룽가는 규모가 큰 만큼 제품 구성도 훨씬 다양하다. 파스타 면만 하더라도 자체 PB 제품부터 바릴라(Barilla), 보이엘로(Voiello), 데체코(De Cecco), 룸모(Rummo) 등 대부분 브랜드를 찾아볼 수 있고, 한 브랜드 안에서도 스파게티뿐만 아니라 한국에서는 이름도 생소한 종류까지 갖추고 있어서 새로운 제품을 구경하는 재미가 있다.

ESSELUNGA
ESSELUNGA
ESSELUNGA
Parmareggio

BORBONE
BORBONE
KIMBO
KIMBO
KIMBO

Carnaroli
INTEGRALE
ESSELUNGA
BIO
RISO ARBORIO
RISO GLADIO PARBOILED
IDEALE PER RISOTTI
IDEALE PER INSALATE E RICETTE ESOTICHE

3,99
4,99
4,99
4,40
4,40
6,99
15,40
16,40

에셀룽가도 PB 라인을 가지고 있는데 가장 유명한 것은 프리미엄 식품군의 TOP과 유기농 식품군인 BIO이다. TOP의 파스타와 소스가 특히 맛있어서 간편하게 해 먹기 좋고 이외 제품 중에서는 고기와 치즈가 가격 대비 품질이 우수하다.

ESSELUNGA
BIO
8 CROSTATINE
ALL'ALBICOCCA
100%
GRANO E ALBICOCCHE
ITALIANI
336 g e
(42 g X 8)
CON FARINA
TIPO 2
POCO RAFFINATA

ESSELUNGA
crostini ai
5 CEREALI
225 g e

-53%
DI PLASTICA
ESSELUNGA
BIO
ELICOIDALI
COTTURA 9 MINUTI
PASTA DI SEMOLA
DI GRANO DURO
500 g e

500 g e
ESSELUNGA
Pipe Rigate n.191
Pasta di semola di grano duro
Cottura 8 minuti

100% POMODORO ITALIANO
MAI VISTA UNA POLPA COSÌ!
MUTTI
IN FINISSIMI PEZZI
3.49
PASSATA DI POMODORO
1.24
MUTTI
POLPA RUSTICA
ESSELUNGA
POLPA DI POMODORO
ESSELUNGA
POLPA FINE DI POMODORO
1.19
ESSELUNGA
PELATI
0.79
ALFANO
POMODORI INTERI
MARRAZZO
POMODORI NAPOLI
ALFANO
POMODORI PELATI
PRIMETTA
Pelati
0.99
0.47
1.05
0.95
1.39

100% POMODORO ITALIANO
MAI VISTA UNA POLPA COSÌ!
IN FINISSIMI PEZZI
MUTTI
Graziella
Polpa di pomodoro italiano
De Rica
DISPENSA ITALIANA DAL 1963
POLPA PRONTA
100% ITALIANO
LAVORATO FRESCO
3x400g
2,25 €
2,69 €
ESSELUNGA BIO
PASSATA DI POMODORO
POLPA DI POMODORO
POMODORI ITALIANI
100% POMODORI
0,75 €
ESSELUNGA
POLPA FINE
DI POMODORO
ESSELUNGA
POLPA
DI POMODORO
100% POMODORI ITALIANI
3X400g
ESSELUNGA
PELATI
0,99 €
CASAR
POMODORI PELATI
CERTIFICATO
MUTTI
Pelati
0,95 €
1,88 €
2,41

PEGNA
ACETO BALSAMICO DI MODENA IGP
AFELTRA
100% Grano Italiano
RISPETTIAMO LA TRADIZIONE
500g
POMODORI SECCHI
ALLA SICILIANA
Specialità
zucchine alla caprese
TIGULLIO
OLIVE E CAPPERI
al Limone con Zenzero Candito
AL BRONZO
Barilla
LAVORAZIONE GREZZA
400g
Voiello
100% GRANO ITALIANO
ALTO MARE
VONGOLE
ROSSO
Gargano
Pelati di Puglia
granoro
POMODORI
pelati interi
100% ITALIANI
coop
Pomodori secchi
280g
PERONI
NASTRO AZZURRO
SAN BENEDETTO
ALLEGRA
POMODORI PELATI
BIO
MUTTI
DOPPIO CONCENTRATO DI POMODORO
MUTTI
Pelati

Nestlé
ORZORO
DAL 1940
100% NATURALE
ORZO SOLUBILE
1,99
2,59
PESTO
Barilla
GENOVESE
Gusto etna
Clemente
TIGULLIO
RICOTTA, TARTUFO E PEPE NERO
ecco ce n'è una sola.
LIGUORI
granoro
Dedicato
SOLO GRANO DI PUGLIA
N°79 FARFALLONI
OFFERTA
MUTTI
SALSA PRONTA
CILIEGINI
GUSTO FRESCO
Dreher
PERONI
PRODOTTA IN ITALIA
filetti di alici
NERO DI SEPPIA
FUSILLI
NERO DI SEPPIA
3,99
3,79
CAVIRO
TAVERNELLO
DIVELLA
Pomodori pelati
MUTTI
Ciliegini
Garofalo
3,99
VINO ROSSO D'ITALIA
LAVERMICOCCA

알아두면 쓸모 있는 Must Have Item

피렌체까지 왔는데 빈손으로 돌아가긴 아쉽다. 이탈리아 특산품 구경이나 해보자.

* 제품별 가격은 구매처에 따라 다를 수 있다.

1 폰티 디 크로도, 레몬 소다
Fonti di Crodo, Lemon Soda
www.lemonsoda.it, 4개에 1.93€

토스카나 특산품은 아니지만 무려 1940년에 탄생한 제품이라 오랜 역사만큼 인지도도 높아 이탈리아 어디에든 있는 탄산음료다. 한국에서는 찾아보기 드물게 엄청나게 시고 단 레모네이드로 무조건 차갑게, 가능하다면 얼음 가득 넣어 마시기를 추천한다. 뜨거운 열기로 가득한 이탈리아 여름 날씨에 생명수와도 같아 하루에 무조건 한 캔 이상 마시게 된다.

2 페레로, 포켓 커피 에스프레소
Ferrero, Pocket Coffee Espresso to go
www.pocketcoffee.it, 3개에 2.29€

초콜릿으로 유명한 페레로의 제품으로 초콜릿과 커피를 한 번에 즐길 수 있다. 오리지널 '포켓 커피'는 초콜릿 안에 커피 원액이 들어있지만, 이것은 여름철 초콜릿이 잘 녹는 단점을 상쇄하기 위한 일종의 여름용으로 작은 플라스틱 용기 안에 에스프레소와 초콜릿이 액체 형태로 들어있다. 이탈리아에서는 언제든 맛있는 에스프레소를 마실 수 있으므로 정작 이 제품에 눈이 가지 않았지만, 선물용으로는 안성맞춤이다. 굉장히 달고 동시에 몹시 쓰기 때문에 작은 양에도 정신이 번쩍 든다.

3 프로세코
Prosecco
8.25€

화이트 와인의 한 종류로 이탈리아 북동부 발도비아데네(Valdobbiadene) 지역이 주요 산지라 토스카나 특산품은 아니지만, 이탈리아 전역에서 식전주나 가볍게 마시는 와인으로 자주 볼 수 있다. 탄산이 있어 여름철 차갑게 마셔도 좋고 다른 리큐어와 섞어서 칵테일로 즐기기도 한다. 슈퍼마켓에서 파는 저렴한 가격대의 제품도 대체로 훌륭하여 스파클링 와인을 좋아한다면 브랜드 불문하고 원 없이 다양하게 마셔봐라.

4 무키, 우유
Mukki, Latte fresco
www.mukki.it, 0.95€

무키는 피렌체에 본사를 둔 토스카나 브랜드로 우유를 중심으로 버터, 치즈, 요거트 등 다양한 유제품을 판매한다. 1954년 설립되어 피렌체 사람들이 정말 사랑하는 브랜드이지만, 토스카나를 벗어나면 다른 지역에서는 찾기 쉽지 않다. 실제로 마셔보면 정말 고소하고 신선한 느낌이다. 우유를 좋아한다면 꼭 한 번 먹어보길, 추천!

5 캄파리 그룹, 아페롤 스프리츠
Campari Group, Aperol Spritz
www.aperol.com, 4개에 4.20€

스프리츠(Spritz)는 앞서 소개한 프로세코의 산지인 이탈리아 북부 지역에서 유래한 칵테일로, 프로세코에 아페롤이나 캄파리 같은 리큐어와 탄산수를 섞어 만든다. 이제는 북부뿐만 아니라 이탈리아 전역에서 아페르티보(aperitivo, 저녁 식사 전 와인이나 칵테일과 함께 간단한 안주를 즐기는 시간)에 스프리츠를 볼 수 있다. 바르에서 직접 만들어주기도 하지만, 인기가 좋아 이러한 기성품도 시중에 나와 있다. 아페롤 특유의 쌉싸래한 맛에 프로세코의 톡 쏘는 느낌이 더해져서 인상적이다.

6 네슬레, 오르초로
Nestle, Orzoro
www.nestle.it, 1.69€

한국에는 커피 대용품으로 알려진 오르초(orzo) 제품 중 하나로 분말 형태로 되어 있어 따뜻한 물에 타기만 하면 금방 음료가 완성된다. 보리차와 커피 중간의 맛으로 커피 대용이라고 하기엔 조금 아쉽지만 평소에 구수한 숭늉 느낌의 커피를 선호한다면 좋아할 듯. 자매품으로 조금 더 커피향이 나는 커피맛과 초콜릿맛 제품도 있다.

7 에스타테, 리모네
Estathé al Limon
www.estathe.it, 0.99€

보이는 것과 같이 딱 레몬맛 아이스티 그 자체인데 한국에서 먹던 제품보다는 덜 달고 차의 향이 더 강하다. 이탈리아 슈퍼마켓에서 가장 흔하게 볼 수 있는 음료로 바르에서도 '리모네'를 주문하면 이 제품이 나올 정도로 일반적이다. 커피나 와인은 부담스럽고 다른 음료를 마시고 싶을 때 제일 무난하면서 실패 없는 선택으로 훌륭하다.

8 디타 아르티자날레, 원 에스프레소 블렌드 원두
Ditta Artigianale, ONE. Espresso Process Blend
dittaartigianale.com, 9.90€

피렌체에서 스페셜티 커피를 찾는다면 정답은 디타 아르티자날레다. 2013년 시작한 비교적 신생 브랜드이지만, 피렌체 도심에만 어느덧 4개의 매장을 내며 현지 청년들과 관광객들에게 큰 사랑을 받고 있다. 이탈리아 특유의 진한 에스프레소에 조금은 지친 마음을 달래줄 커피 메뉴가 다양하고 심지어 한국인 입맛에 알맞은 아이스 커피도 있다! 이곳만의 블렌드 제품도 여럿인데 그중 이 제품은 특이하게 온두라스 한 지역의 생두를 가공방식만 (내추럴, 워시드, 세미 애너로빅, 애너로빅으로) 다양하게 하여 섞은 것이다. 원두를 구매하면 드립용, 모카포트용, 에스프레소용 등 추출 방식에 맞게 분쇄해준다.

9 안티노리, 빈산토
Antinori, Vin Santo del Chianti Classico DOC
www.antinori.it, 33€

토스카나 특산품인 빈산토는 백포도 품종을 말려 만든 와인으로 노르스름한 황금빛을 띤다. 달콤하여 이탈리아의 디저트 와인으로도 불리는데 저녁 후 작은 잔으로 들이키거나 칸투치에 듬뿍 적셔 먹는다. 이 제품은 14세기부터 와이너리를 이어온 안티노리 브랜드의 키안티 클라시코(Chianti Classico) 와인이라 다소 가격대가 있지만 슈퍼마켓이나 중앙시장에서 훨씬 저렴한 빈산토도 쉽게 구할 수 있다.

10 페레로, 누텔라
Ferrero, Nutella
www.nutella.com/it, 2.40€

누텔라, 다들 한 번쯤 먹어봤을 텐데 이것이 이탈리아 페레로사의 제품이라는 사실을 아는 사람은 많지 않다. 페레로의 창립자 피에트로 페레로(Pietro Ferrero)가 잔두야(gianduja)를 페이스트 형태로 만든 것이 누텔라의 시작이다. 잔두야는 이탈리아에서 즐겨 먹는 초콜릿의 한 종류로 분쇄한 헤이즐넛과 초콜릿을 섞은 것이다. 누텔라 외에도 '잔두야 페이스트'라는 이름의 상품이 정말 다양하니 다른 제품도 꼭 시도해보자.

11 파토리아 카사노바, 아몬드 칸투치
Fattoria Casanova, Cantucci alle Mandorle
fattoriacasanova.it, 3.80€

12 안토니오 마테이, 아몬드 칸투치
Antonio Mattei, Biscotti di Prato alle Mandorle
www.antoniomattei.it, 7.50€

칸투치는 아몬드나 피스타치오, 헤이즐넛 등의 견과류를 넣고 구운 비스킷으로 토스카나의 프라토에서 시작되어 오늘날 토스카나 특산품으로 자리 잡았다. 흔히 칸투치라 부르지만, 이를 처음 만든 것으로 알려진 안토니오 마테이에서는 '프라토의 비스킷(biscotti di Prato)'이라 칭한다. 또는 작은 칸투치라는 뜻에서 칸투치니(cantuccini)라 하는 경우도 있다. 약간 딱딱한 편이라 보통 빈산토에 적셔 먹는데 우유나 홍차 또는 커피와 함께 즐겨도 충분히 맛있다.

13 가스트로노미아 토스카나, 크로스티노 토스카노
Gastronomia Toscana, Crostino Toscano
gastronomiatoscana.it, 2.65€

14 에셀룽가, 곡물 크로스티니
Esselunga, Crostini ai 5 Cereali
www.esselungaacasa.it, 1.25€

크로스티니는 바삭하게 구운 빵 조각 위에 다양한 토핑을 올려 먹는 전채 요리다. 그중 이름도 '토스카나의 크로스티니'인 크로스티니 토스카니는 닭 간으로 만든 파테를 올린 것이다. 그만큼 토스카나를 대표하는 메뉴로 피렌체 사람들이 한 번은 꼭 먹어봐야 하는 음식으로 꼽는다. 식당에서 시켜 먹어도 반갑고, 슈퍼마켓에서 닭 간 파테를 쉽게 구할 수 있으니 직접 만들어 먹어도 좋겠다.

피렌체에 왔다면 크로스티니 토스카니 그리고 칸투치에 빈산토는 꼭 먹어봐야 한다.

9
MARCHESE ANTINORI
10
nutella
11
Fattoria Casanova
CANTUCCI ALLE MANDORLE
DOLCEZZE FRIABILI CON MANDORLE SICILIANE
fatti a mano in Toscana
12
13
TOSCANA
CROSTINO TOSCANO
Come da Tradizione
14
5 CEREALI bontà dal forno
ESSELUNGA
crostini ai 5 CEREALI
225g e

15
PEGNA
1860
Riserva del Cavaliere
16
ACETO BALSAMICO DI MODENA
I.G.P.
CAVICCHIOLI
17
Toscano
OLIO EXTRA VERGINE DI OLIVA
TOSCANO
Indicazione Geografica Protetta
0,25 l e
18
Bartolini
al Tartufo Bianco
0,10 l
19
OLIO EXTRAVERGINE
20
MARVIS
CLASSIC STRONG
21
ACQUA DISTILLATA ALLE ROSE
TONICO RINFRESCANTE
FIRENZE 1867
ROBERTS
22
VAPE DERM
Gel Dopopuntura
HERBAL
PROFUMAZIONE CITRONELLA EUCALIPTUS
23
VAPE
Spirali
10 SPIRALI ZANZARIFUGHE
10 MOSQUITO COILS

15 페냐, 발사믹 소스
Pegna dal 1860, Condimento a base di Aceto Balsamico
www.pegna.it, 11.40€

페냐는 피렌체에만 있는 식료품점으로 그들이 제품을 직접 생산하지는 않지만, 토스카나를 중심으로 이탈리아의 특산품을 엄선하여 선보인다. 일부 제품에는 자신의 라벨을 붙여 판매하니 그 자신감을 알 만하다. 이 제품은 발사믹 식초 기반의 조미료로 용량 대비 가격이 저렴하지는 않지만, 선물용으로 알맞다.

16 카비키올리, 모데나 발사믹 식초
Cavicchioli, Aceto Balsamico di Modena IGP
www.cavicchioli.it, 5.59€

발사믹 식초 또한 이탈리아 특산품으로 피렌체보다 위쪽 모데나 또는 레지오 에밀리아 지역에서 만든 포도 식초에만 발사믹 식초라 이름 붙일 수 있다. 일반 식초와 달리 오랜 숙성 기간을 거쳐 포도의 맛이 진하게 우러난다. 양질의 발사믹 식초를 한국보다 훨씬 저렴한 가격에 구할 수 있으니 한 병쯤 사 보면 어떨까.

17 올리브오일
Olio Extravergine di Oliva, 4.69€

올리브오일을 사 먹는 토스카나 사람은 친구가 없는 거라는 우스갯소리가 있다. 올리브밭을 가진 친구 한 명쯤은 있어야 토스카나 사람인 셈이다. 그만큼 토스카나 지역의 올리브오일은 유명하다. 토스카나 올리브오일이라면 어떤 브랜드든 평균 이상의 맛을 자랑하니 놓치지 말 것.

18 바르톨리니, 화이트 트러플 오일
Bartolini, Condimento Tartufo Bianco
www.frantoiobartolini.com, 3.99€

흔히 트러플이라 불리는 송로버섯은 진귀한 식재료 중 하나다. 특히 겉이 하얀 화이트 트러플은 이탈리아의 자랑으로 이를 활용한 트러플 오일, 트러플 페스토 등의 제품도 다양하다. 트러플 오일은 보통 올리브오일에 송로버섯향 정도를 첨가한 것이지만, 파스타나 리조토, 샐러드 위에 마지막으로 살짝 뿌려주면 어떤 요리든 고급스럽게 만들어준다.

19 프란토이오 디 산타가타, 레몬 올리브오일
Frantoio di Sant'Agata, Olio Extravergine di Oliva e Limoni
frantoiosantagata-shop.com, 5.00€

올리브오일의 나라답게 트러플 오일뿐만 아니라 다른 향이나 재료가 가미된 제품도 다양하다. 마늘, 페페론치노, 바질 등 여러 제품 중에서 호기롭게 레몬 올리브오일을 골라봤다. 샐러드에 뿌려 먹기 좋을 것 같았는데 상큼하다 못해 시큼한 맛이 입안을 친다. 아삭한 양상추와는 잘 어울리지만, 호불호가 갈릴 것만 같다.

20 마르비스, 치약
Marvis, Classic Strong Mint
www.marvis.com, 3.67€

이탈리아에서 꼭 사야 하는 물건으로 유명했던 마르비스 치약도 알고 보면 피렌체 제품이다. 재스민 민트, 생강 민트, 계피 민트, 감초 등 여러 향이 있는데 첫 선택은 역시 오리지널, 클래식 민트를 사 보았다. 한국 치약에 비해 쫀득한 질감이 덜하고 맛이 순한 편이다.

21 아쿠아 알레 로세, 장미수
Acqua alle Rose, Acqua Distillata alle Rose
www.acquaallerose.it, 3.25€

마르비스 치약과 함께 이탈리아에서 꼭 사야 하는 물건으로 꼽히는, 이른바 '로베르츠 장미수' 역시 피렌체 출신이다. 1867년 처음 만들어져 생각보다 오랜 역사를 지닌 토너 화장품이다. 끈적임 없이 청량한 느낌으로 여행 중 부담 없이 사서 쓰기 좋다.

22 바페, 벌레 물림 치료제
VAPE, Derm Herbal Gel Dopopuntura, 7.99€

23 바페, 모기향
VAPE, Spirali Zanzarifughe, 1.60€

한국에 홈키파가 있다면 이탈리아에는 바페가 있다. 살충제부터 모기 기피제까지, 바페 제품이 하나도 없는 이탈리아 가정은 드물 것이다. 바페와 홈키파 모두 독일 헨켈(Henkel)의 브랜드인데 홈매트에는 꼼짝도 하지 않던 이탈리아 모기들이 바페의 모기향에는 도망가는 신기한 경험을 했다. 바페 제품 중 벌레 물림 치료제를 특히 추천한다. 토스카나 와이너리를 돌아다니며 알 수 없는 벌레에 여기저기 물렸을 때 효과를 아주 톡톡히 봤다.

EXPEDITION TO GELATERIA

젤라토의 본고장에서 수많은 젤라테리아를
어찌 그냥 보고만 있겠는가.
피렌체 시내 유명 젤라테리아 도장 깨기에 도전해본다.

ᅦ리아 카라베 피렌체
ateria Carabè
nze

관광객에게는 잘 알려지지 않았지만 현지에서 유명한
ᅦ리아로 시칠리아 출신의 주인이 직접 젤라토를 만든다.
젤라테리아와 비교하면 식감이 살짝 가벼워서 끝맛이
지 않다. 커피맛 젤라토가 특히 타의 추종을 불허하고
리아 출신의 디저트 그라니타도 함께 판매한다. 운영 시간이
| 유동적이고 겨울철에는 영업하지 않으니 열려 있다면
으로 여기고 꼭 한번 들러보자.

icasoli, 60R, 50122 Firenze
ilparcocarabe.it
2:30~19:00 (겨울철 휴무)

아라: 에 시칠리아
Arà: è Sicilia

카라베와 마찬가지로 시칠리아 기반의 젤라테리아로 젤라토뿐만 아니라 아란치니, 카놀리 등 간단한 시칠리아 음식도 판매한다. 가게 이름부터 '아라가 곧 시칠리아다'를 의미하니 그 자부심을 가늠할 수 있다. 여행하다 출출할 때 따뜻한 아란치니에 리코타맛 젤라토를 즐겨보면 어떨까. 카라베 옆에 있으니 두 곳의 젤라토를 번갈아 먹어보고 어디가 나의 취향에 더 맞는지 비교해봐도 재미있겠다.

Via degli Alfani, 127, 50123 Firenze
www.arasicilia.com
수~월 10:00~22:00 (화요일 휴무)

슈가 젤라토
ᅵ자날레
Sugar Gelato
gianale

깊은 젤라테리아가 즐비한 피렌체에서 신흥 강자로 떠오른
슈가! 재료 본연의 맛에 집중하는 전통적 젤라테리아와
색다른 조합과 이국적 재료로 관광객뿐만 아니라 현지인의
: 사로잡으며 2016년 피렌체 젤라토 페스티벌에서 우승을
했다. 멜라코타(Melacotta: 리코타, 사과, 시나몬, 꿀)와
ᅡ(Malaga: 크림, 건포도, 마르살라 와인)가 인기 메뉴고
ᅢ나 팥을 이용한 이색 메뉴도 있다.

e' Ginori, 49R, 50123 Firenze
.instagram.com/mysugarfirenze
12:30~21:00 (화요일 휴무)

그롬
GROM - Il Gelato Come Una Volta

토리노 기반의 젤라토 브랜드로 이탈리아 곳곳에 그리고 프랑스, 미국, 일본 등에 매장이 있다. 피렌체 지점은 두오모 근처에 있어 오가며 들리기에 접근성이 좋다. 피스타치오맛 그리고 잔두야맛이 특히 유명하고 콘 안을 초콜릿이나 헤이즐넛 크림으로 채우거나 휘핑크림을 얹는 등 추가할 수 있는 선택 사항이 다양한 것도 장점이다. 슈퍼마켓에서 시판용 제품으로도 사 먹을 수 있다.

Via del Campanile, 2, 50122 Firenze
www.grom.it
매일 11:00~23:30

페르케노
Perché no!...

1939년에 문을 연 젤라테리아로 전통적인 방식 즉, 우유와 크림, 달걀 그리고 과일만 가지고 젤라토를 만든다. 참깨맛이 특히 유명한데 우유 기반의 젤라토에 독특하게도 참깨와 꿀이 들어간다. 라벤더와 헤이즐넛 젤라토도 대표 메뉴인데 수박맛 그라니타도 인기가 좋다. 한국에도 지점이 있다.

Via dei Tavolini, 19R, 50122 Firenze
www.facebook.com/GelateriaPercheNo
수~월 12:00~19:00 (금, 토요일은 오후 10시까지, 화요일 휴무)

비볼리
Vivoli

피렌체에서 운영 중인 젤라테리아 중 가장 오래된 곳으로 1929년 우유 가게로 시작하여 1932년부터 젤라토를 만들었다. 젤라토를 비롯해 다양한 빵, 세미프레도, 아포가토 등을 판매하는데 특히 피렌체에서 유래한 추코토(zuccotto) 세미프레도를 여기서 맛볼 수 있다. 절반만 얼렸다는 뜻의 세미프레도(semifreddo)는 아이스크림과 무스케이크 중간 되는 이탈리아식 디저트다.

Via Isola delle Stinche, 7R, 50122 Firenze
vivoli.it
화~토 08:30~18:00, 일 09:30~18:00 (월요일 휴무)

젤라테리아 데이 네리
Gelateria dei Neri

1989년부터 현재의 주인이 운영하고 있어 다른 곳에 비하면 역사가 오래되지는 않았지만 관광객뿐 아니라 피렌체 현지 사람들도 사랑하는 젤라테리아다. 재료의 신선함이 깊게 와 닿고 한번 맛보면 강력하게 기억할 만한 눅진함이 큰 특징이다. 젤라토와 그라니타, 커피 등을 판매한다. 어떤 맛을 선택해도 실패하기 어려운데 초콜릿맛, 쌀(리조)맛이 굉장히 깊고 진하여 특히 추천할 만하다.

Via dei Neri, 9/11R, 50122 Firenze
gelateriadeineri.it
목~월 10:30~24:00 (화, 수요일 휴무)

젤라테리아 산타 트리니타
Gelateria Santa Trinita

산타 트리나타 다리 남쪽에 위치한 젤라테리아로 입지가 좋아 항상 많은 관광객으로 북적인다. 피스타치오와 초콜릿맛은 언제 안전한 선택이지만, 흑임자나 마스카르포네맛도 인상적이다. 옆에서 초콜릿이나 트러플 오일, 칸투치, 와인 같은 토스카나 특산품도 함께 판매하여 간단한 기념품 쇼핑을 즐기기에도 좋다. 한가로이 흘러가는 아르노강 앞에서 젤라토를 먹노라면 여느 산해진미가 부럽지 않다.

Piazza de' Frescobaldi, 11R, 50125 Firenze
www.gelateriasantatrinita.it
매일 11:00~24:00

노
no – Gelatificio
tadino

의 젤라테리아가 두오모 인근에 모여 있지만, 스브리노는
궁전 근처에 있다. 피렌체 내에 지점이 2군데 더 있는데
아르노강 남쪽에 위치한다. 젤라토 질감이 너무 가볍지도
고 또 너무 무겁지도 않은 느낌이라 다른 젤라테리아와
자면, 젤라테리아 데이 네리 > 스브리노 > 젤라테리아
 순으로 눅진하다. 피스타치오와 스페퀼로스맛이 유명하다.
퀼로스는 비스킷 일종으로 로투스 쿠키가 바로 그것)

ei Serragli, 32R, 50124 Firenze
instagram.com/sbrinofirenze
13:30~20:00, 목~금 13:30~24:00,
30~24:00, 일 12:30~23:00
요일 오후 8시부터 9시까지 휴식 시간)

사진 ©뉴포맷

FOLLOW THE PERFUME ROAD

이탈리아 향수야 워낙 유명한데 토스카나의
풍부한 자연 재료 덕분인지
특히 피렌체 기반의 향수 브랜드도 다양하다.
발길이 이끄는 대로 향수 가게를 찾아 쏘다녀 보았다.

아 디 피렌체
ua di Firenze

치가의 카테리나 공주가 앙리 2세와 결혼하면서 그와 프랑스로 건너간 조향사 르네 르 플로렌틴(René le entin)이 향수 문화를 발전시킨 장본인이라고 하니 조향 의 뿌리를 피렌체에서 찾는 것도 무리는 아니다. 아쿠아 디 체는 이러한 역사에서 영감을 받아 향수를 만드는 브랜드로 리아 르네상스 예술을 연상시키는 패키지 디자인이 특히 적이다.

elle Belle Donne, 15b, 50123 Firenze
.acquadifirenze.com
10:00~13:00/16:00~20:00
-요일 사전 예약자에 한해 방문 가능)

닥터 브라니에스 피렌체
Dr. Vranjes Firenze

약학과 화학을 공부한 파올로 브라니에스(Paolo Vranjes) 박사가 1983년 피렌체에서 만든 브랜드로 2010년에 지금의 브랜드명으로 변경했다. 피렌체 두오모를 본뜬 병 디자인이나 토스카나 레드 와인에서 아이디어를 얻은 로소 노빌레(Rosso Nobile) 향까지, 피렌체의 문화적 유산을 충실히 반영하는 한편 고급스러우면서도 편안한 향을 추구한다. 피렌체 시내에만 4개의 지점이 있는데 향수, 디퓨저 등 서로 주력하는 상품군과 운영시간이 각기 다르니 방문 시 유의할 것.

Via della Spada, 9R, 50123 Firenze
drvranjes.com
매일 10:30~14:00/15:00~19:00

치나 프로푸모 – 마체우티카 디 산타 아 노벨라
icina Profumo rmaceutica di ta Maria Novella

안 유명 연예인의 재생크림으로 한국에 널리 알려진 랜드의 시초는 1221년 설립된 도미니코회 수도원에서 수 있다. 수도승들이 수도원 정원에서 꽃, 약초 등을 는데 이것이 약학, 미용 연구로 이어지면서 약국으로 하였다. 이후 1542년 약국이 대중에게 공개되었고 년에는 수도원에서 독립하면서 지금과 같이 자리 잡았다. 수도승들이 개발한 다양한 배합법이 오늘날까지 전해지며 뿐만 아니라 스킨케어, 바디 용품 등 제품군이 매우 다양하다.

de' Tornabuoni, 71, 50123 Firenze
.smnovella.com
0:00~20:00

아쿠아 델엘바
Acqua Dell'Elba

청정하기로 유명한 토스카나주의 엘바섬에서 영감을 받은 브랜드로 모든 제품은 엘바섬에서 얻은 재료를 기반으로 한정된 수량만 생산한다. 대부분 청량하고 시원한 향으로 바다와 자연의 느낌을 잘 전달하고 엘바섬의 해안가를 연상시킨다. 한국에도 이곳 제품이 유통되고 있어 쉽게 구할 수 있다.

Piazza di San Giovanni, 9R, 50123 Firenze
www.acquadellelba.com
매일 11:00~19:00

테아트로 프라그란체 우니케 부티크
Teatro Fragranze Uniche Boutique

자연을 소재로 하는 상쾌한 이탈리아 향수는 많은데 묵직한 느낌의 향수는 의외로 드물다. 이름에서부터 독특함(uniche)이 연상되는 이 브랜드는 가죽이나 벨벳, 후추, 담배의 향을 모티프로 하여 어디서도 경험하기 어려운 자신만의 독자적인 세계를 구축했다. 스파이시하고 우디한 향수를 선호한다면 추천.

Via Porta Rossa, 11R, 50123 Firenze
teatrofragranzeuniche.it
매일 10:30~19:00

에르바리오 토스카노
Erbario Toscano

좋은 재료를 강조하고 재료의 본질에 집중한다는 측면에서 이탈리아 요리와 토스카나 향수는 닮았다. 간결하고 정직하다. 이 브랜드야말로 그러한 특징을 가장 잘 대표하는 곳으로 유기농 재료로 천연 화장품과 향수를 만든다. 올리브오일을 활용한 바디 제품이 이곳의 첫 상품이었을 정도로 토스카나 지역색을 정성껏 담아낸다. 밝고 경쾌한 느낌의 향수 제품들도 물론 훌륭하지만, 스킨케어나 바디 용품도 추천할 만하고 한국에도 매장이 있다.

Via Por Santa Maria, 39, 50122 Firenze
www.erbariotoscano.it
매일 10:00~19:00

스페치에리에 팔라초 베키오
Spezierie Palazzo Vecchio

1980년대 약사 출신 조반니 디 마시모(Giovanni Di Massimo)가 신체적·정신적 건강의 균형을 추구하며 만든 브랜드로 대부분 비건 제품이다. 15세기 후반 카테리나 스포르차 부인의 필사본 "실험들(Experimenti)"에서 영감을 받아 만든 '피렌체의 향(i PROFUMI di FIRENZE)' 라인을 대표 컬렉션으로 내세우는 등 토스카나의 문화적 유산을 계승하고자 한다. ("실험들(Experimenti)"은 약학 및 화학 실험 방안을 정리한 모음집으로 후대의 화장품 제조 방식에 많은 영향을 미쳤다.) 향수 종류가 굉장히 다양하고 건강보조제까지 판매한다.

Via Vacchereccia, 9R, 50122 Firenze
spezieriepalazzovecchio.it
월~토 10:00~19:30 (일요일 휴무)

아쿠아플로르
AquaFlor

피렌체의 전통 향수 제조 방식을 바탕으로 장인이 수작업으로 향수를 만들며 작업실 겸 매장이 산타 크로체 성당 인근에 있다. 우아하고 앤티크한 느낌의 향이 큰 특징으로 향수나 디퓨저 외에 비누, 코롱, 바디 미스트 등 다양한 제품을 판매한다. 자신만의 향을 직접 만들어 보는 조향 체험 워크숍도 운영한다. 매장 인테리어가 매우 아름다우니 향수에 별 관심이 없더라도 한 번쯤 들러보길 추천한다.

Borgo Santa Croce, 6, 50122 Firenze
www.aquaflor.it
매일 10:00~19:00

아쿠아플로르 매장

사진 ©뉴포맷

이야기해보자
Let's Talk

3

피렌체에서의 삶은 어떤가요?

왼쪽부터
라윤정
니콜로 콘티(Niccolò Conti)
www.lostento.com / www.chalet-fontana.com

간단한 자기소개를 부탁합니다.

니콜로(이하 Ⓝ) 올리브나 과일, 채소 등을 재배해서 판매하는 식품회사를 경영하고 있습니다. 몇 년 전 식당 샬레 폰타나(Chalet Fontana)를 인수하면서 여기도 같이 운영하고요. 어머니 가족은 100여 년 전부터 피렌체에 거주해왔고 아버지 가족은 원래 밀라노 출신이지만 두 분 다 피오렌티니예요. 그래서 저는 피오렌티노 DOCG라고 할 수 있죠.

라윤정(이하 ⓨ) 이탈리아에 공부하러 왔다가 니콜로를 만나 결혼하면서 여기 정착했어요. 아들이 하나 있어요.

피오렌티노 DOCG는 무슨 뜻인가요?

ⓨ 이탈리아에서 가장 높은 와인 등급을 DOCG라고 부르는데 인증받기 상당히 까다롭거든요. 그걸 우스개로 사람한테 붙이는 거예요. 일종의 순수혈통이란 뜻이죠. 대대로 피렌체에서 산 사람을 찾기 의외로 쉽지 않거든요. 니콜로 가족은 지금 살고 있는 집에서 몇 대에 걸쳐 나고 자랐어요.

식품회사를 운영하시니 평소에 장은 어디서 보시는지 궁금한데요. 농장에서 가져다 드시는 편인가요?

Ⓝ 저희는 주로 올리브를 재배하고 제품화하는데 일이 매우 많고 힘들어요. 팬데믹 시기 경영에 어려움도 많았고요. 농장에서 가져다 먹기도 하지만, 저희도 슈퍼마켓을 이용할 수밖에 없죠. 특히 코로나19 때 에셀룽가를 자주 이용했어요.

ⓨ 에셀룽가에 집까지 배달해주는 서비스가 있어요. 피렌체에는 오래된 집이 많고 대체로 엘리베이터가 없어 짐 나르기가 쉽지 않아요. 팬데믹 때는 밖에 나갈 수도 없었고요. 그래서 에셀룽가의 배달 서비스가 혁명과도

같았고 소위 대박이 났어요. 한국과 달리 이탈리아는 배달 서비스가 별로 없었거든요. 아, 에셀룽가에 가시면 무키(Mukki) 우유를 찾아보세요. 우유, 치즈, 버터 등 유가공품을 만드는 토스카나의 브랜드인데 여기 우유가 진짜 맛있어요. 로마만 가도 무키를 잘 모르더라고요. 피렌체 사람들은 무키를 좋아해요.

아침, 점심, 저녁에 무엇을 드시는지도 궁금해요.

Ⓝ 아침은 미국식에 가까운데 빵에 잼 발라 먹거나 시리얼을 먹어요. 점심에는 주로 파스타를 먹고요. 잼에 좀 민감한 편이라 공산품보다 꼭 농장에서 직접 만든 잼을 먹어요. 특히 푸룬잼을 좋아해요.

Ⓨ 저는 아침에 카푸치노 한 잔만 딱 마셔요.

파스타는 보통 어떻게 드시나요? 좋아하는 레시피가 있으신가요?

Ⓝ 주로 토마토소스에 먹는데 시판용은 잘 안 쓰고 직접 만들어 먹어요. 1년에 한 번 8~9월쯤에 토마토 병조림을 만들어서 보관해두거든요. 한국에서 김장하는 것과 비슷해요. 8월 전에는 샐러드 등 토마토를 생으로 먹는 게 더 맛있고요. 그 이후에는 토마토 제철이 살짝 지나기도 하고 많은 양을 수확해서 보관해야 하니까 병조림으로 만들어요. 방울토마토는 수확 후에 진공 포장해서 바로 냉동실에 넣으면 언제든지 신선하게 먹을 수 있어서 따로 병조림으로 만들지 않고요. 큰 토마토를 병조림으로 만들어요. 다양한 토마토를 살짝 데쳐서 껍질을 벗긴 다음 크림처럼 부드럽게 될 때까지 계속 끓여요. 물이랑 소금 약간 넣고요. 과정은 굉장히 간단하죠.

Ⓨ 이탈리아 사람들은 토마토 껍질이 씹히는 걸 별로 안 좋아하더라고요. 그래서 토마토 병조림이 다 떨어져서 토마토 제품을 살 때도 껍질이 없는 종류(pelati, 펠라티)로 사요. 슈퍼마켓에 가 보면 토마토 제품 종류도 굉장히 다양하거든요. 껍질이 있는 것도 있고, 과육이 좀 더 씹히는 것도 있고 등등.

Ⓝ 토마토 제철에는 병조림이나 제품 없이 생토마토로 파스타를 만들어도 되고요.

토마토는 껍질을 벗겨서 뭉근하게 끓여두고 당근과 양파, 셀러리를 잘게 잘라서 황금빛이 될 때까지 천천히 올리브오일에 볶아요. 토마토와 야채를 다 섞어서 저어주면 토마토소스는 완성이에요. 여기에 삶아둔 면이랑 파르미자노 치즈를 넣고 한 번 더 볶아요.

ⓨ 치즈를 따로 뿌리지 않고 같이 볶는 게 니콜로만의 비법이에요.

파스타 면은 어떤 걸 사용하시나요?
좋아하는 브랜드나 면 종류가 있으신가요?

ⓨ 면은 가격이 약간 비싸도 좀 더 고급 제품을 찾으려고 해서 이탈리(Eataly)에서 사는 편이에요. 한국에서 엄마들이 다른 건 몰라도 쌀의 품질을 정말 중요하게 따지잖아요. 여기서는 파스타가 쌀 같은 존재예요. 그래서 아펠트라(Afeltra)나 만치니(Mancini) 브랜드를 선호해요. 저는 가는 스파게티 면을 좋아하는데 남편은 펜네(penne)나 파케리(paccheri)를 찾아요. 한국 사람들과 비교하면 이탈리아 사람들은 굵거나 두꺼운, 밀이 더 잘 느껴지는 면 종류를 좋아하더라고요.

Ⓝ 파케리를 조금 짧게 반으로 잘라 놓은 메치 파케리(mezzi paccheri)를 좋아해요. 메치(mezzi)가 절반이란 뜻이에요.

저녁 메뉴도 궁금해요.

ⓨ 저희는 고기를 자주 먹는 것 같아요.

Ⓝ 피렌체식 스테이크(bistecca alla fiorentina)를 좋아해요. 어렸을 적 매일 저녁으로 이걸 먹고 싶었을 정도예요. 요즘도 일주일에 2~3번은 먹어요. 비둘기 요리도 가끔 먹고요.

비둘기 요리요? 조리법이 궁금하네요.

Ⓝ 저는 세상에서 제일 맛있는 고기가 비둘기 같아요. 오리와 메추리 사이 정도의 식감인데요. 주니퍼 베리, 로즈마리 같은 허브나 브랜디 등에 비둘기 고기를 재워두었다가 오븐에 구워 먹어요. 날개와 다리는 완전히 익히고 가슴 부위는 분홍빛 정도로 약간 덜 익혀야 맛있어요.

커피나 와인도 즐겨 드시나요?
이탈리아 하면 커피 그리고 와인이잖아요.

Ⓝ 예전에는 커피를 진짜 많이 마셨는데 농장에서 일하니 스트레스가 덜해서 커피도 줄었어요. 주로 킴보(Kimbo) 커피를 마셔요. 커피도 물론 마시지만, 사실 저는 와인을 굉장히 좋아해요. 샬레 폰타나에서 판매하는 와인도 다 제가 정했어요. 하나 추천해드린다면, 와이너리 브란카이아(Brancaia)의 와인들이 특히 좋아요. 산조베제가 아니라 프랑스 포도 품종을 사용한 슈퍼 투스칸 와인들이 있어요. (183쪽 참고) 진짜 추천해요.

피렌체에 젤라테리아도 워낙 많잖아요.
즐겨 가는 곳이 있으신가요?

ⓨ 저는 젤라테리아 데이 네리(Gelateria dei Neri)요. 여기가 맛이 진짜 진하거든요. 그리고 스트레가 노촐라(Strega Nocciola)도 자주 가요. 도심에서 조금 벗어난 곳에 본점이 있는데 장사가 잘되어서 두오모와 베키오 다리 근처에 분점이 생겼어요. 남편은 비볼리(Vivoli)를 좋아하더라고요. 저는 요거트나 레몬처럼 상큼한 맛을 선호하긴 하는데 세 군데 다 초콜릿맛이 유명해요.

니콜로 가족이 대대로 살아온 집. 과거 부엌과 와인 창고.

팬데믹 이후에 많은 관광객이 피렌체를 다시 찾기 시작했어요. 피렌체에서 꼭 해보았으면 하는 일도 소개해주세요.

Ⓝ 우선 예술 작품과 전시를 봐야죠. 그리고 벨베데레 요새(Forte di Belvedere)에 가보세요. 대부분 피렌체 전망을 보러 미켈란젤로 광장에 가지만, 저는 여기를 추천해요. 가끔 전시나 행사도 해요. 오토바이를 빌려서 미켈란젤로 광장이나 벨베데레 요새 인근을 드라이브하는 것도 좋아요. 시내에서 벗어나 경치를 구경하는 거죠. 마지막으로 샬레 폰타나에서 저녁을 즐기며 데이트하는 걸 추천해요. (웃음) 저녁에 분위기가 정말 로맨틱하거든요.

마지막으로 피렌체에서의 삶은 어떠한지 짧게 정의하여 표현한다면요.

Ⓝ "La città più bella del mondo" 세상에서 가장 아름다운 도시요. 다른 나라에서 살아도 보고 여러 나라에 가봤지만, 피렌체만큼 아름다운 도시는 본 적이 없어요. 그리고 저의 집이죠.

Ⓨ 제게는 둥지예요. 도시가 크지는 않지만, 이 안에서 뭐든 해결할 수 있고 결국 제가 돌아와야 하는 곳이니까요. 이제 한국에 가도 제 삶은 여기 있고 돌아오고 싶다는 생각이 들어요.

2

UNPACK FIRENZE

피렌체 풀어보기

내 맘대로 파스타 창작기

MAKE MY OWN PASTA

이탈리아 대표 음식 하면 열에 아홉은 파스타를 떠올리지 않을까. 파스타는 이탈리아어로 반죽을 뜻하는데 오늘날 밀가루로 만든 면을 굽거나 삶아서 완성하는 요리를 통칭한다. 파스타에 관한 정확한 기록은 13세기에야 등장하지만, 1세기경 넓적한 밀가루 반죽을 익혀 채소와 곁들여 먹었다는 이야기가 있으니 그 역사는 훨씬 오래된 것으로 추정할 수 있다.

파스타 종류만 해도 수백 가지가 넘어 분류하는 기준도 여럿인데 그중 하나는 길이다. 국수처럼 긴 형태의 파스타는 롱 파스타(pasta lunga)로, 반대로 짧은 면은 쇼트 파스타(pasta corta)로 구분한다. 롱 파스타로는 스파게티, 링귀네, 페투치네 등이 있고 쇼트 파스타에는 펜네, 피페테, 오레키에테 등이 속한다. 이외에도 라비올리처럼 속을 채운 파스타, 수프용 파스타 등 그 종류를 단번에 헤아리기 어려울 정도다.

또는 건면(pasta secca)과 생면(pasta fresca)으로도 나눈다. 파스타는 우리가 흔히 아는 밀과 다른 듀럼밀이라는 품종으로 만드는데 듀럼밀을 갈아 만든 가루를 세몰라라고 한다. 세몰라를 반죽하여 원하는 모양으로 뽑은 다음 천천히 건조하면 건면이 되고, 세몰라에 박력분이나 계란 등을 넣어 만들면 생면이다. 슈퍼마켓에서 보는 면은 대부분 건면이고 생면은 냉장고에서 찾을 수 있다. 이탈리아는 생면 또는 계란이 들어간 파스타(pasta all'uovo) 그리고 건면의 경우 세몰라의 분쇄 정도까지 기준을 명확히 정해두고 정보를 표기하도록 규정하고 있어 라벨만 봐도 제조 방법을 가늠할 수 있다.

멋진 레스토랑에서 먹어도 물론 좋지만, 내 맘대로 면과 소스를 조합해 보는 것도 파스타를 즐기는 또 다른 방법이 될 수 있다. 슈퍼마켓에서 많이 보이는 제품들을 다양하게 골라 손이 가는 대로 파스타를 만들어 보았다. 과연 어떤 조합이 좋은 평가를 받았을지 함께 살펴보자.

슈퍼마켓에 흔히 있는 브랜드 위주로 또는 현지 사람들 추천을 받아 파스타 재료를 골랐다. (라자냐를 제외하고 대부분) 라벨의 안내 문구에 기재된 시간만큼만 삶아 건져낸 면에 소스를 넣고 잠깐 볶는 식으로 만들었다. 본래 파스타용 소스가 아닌 제품들도 자유롭게 사용했다.

올리브오일 스파게티니

보이엘로, N.103 로 스파게티노
Voiello, N.103 Lo Spaghettino
에셀룽가, 올리브오일
Esselunga, Olio Extravergine di Oliva

스파게티니는 면이 가늘어서인지 다른 파스타에 비해 곡물 풋내가 덜 나고 간이 잘 밴다. 면을 잘 삶아 올리브오일에 소금 그리고 치즈 가루만 얹어 먹었는데 예상외로 심심하지 않고 맛있었다. 특히 보이엘로 면에 대한 평가가 다들 좋았다.

맛있는 쌀밥만으로 한 끼 식사를 할 수 있듯이 이탈리아 사람들은 파스타 면에 소금과 올리브오일로만 간을 해서 먹기도 한다. 보이엘로의 스파게티니 면을 골라 이를 따라 해 보았다. 스파게티니는 우리가 흔히 아는 스파게티보다 가는 면이다. 보이엘로는 이탈리아 남부에서 유래한 파스타 브랜드로 식품 기업인 바릴라(Barilla) 그룹에서 관리한다.

피스타치오 페스토 탈리올리니

모렐리, 계란 탈리올리니
Morelli, Tagliolini all'uovo
에셀룽가, TOP 피스타치오 페스토
Esselunga, TOP Pesto di Pistacchio

탈리올리니는 보통 채소를 곁들여 가볍게 먹는데 면이 가늘어 크리미한 소스가 잘 묻을 듯하여 피스타치오 페스토에 먹어 보았다. 첫입에는 고소하고 달짝지근한 피스타치오 페스토에 대한 칭찬이 이어졌는데 계속 먹으니 조금 물려서 한입 먹을 때 제일 맛있는 느낌이다.

피사에서 1860년부터 5대째 전통적인 방식으로 파스타 면을 만드는 모렐리의 탈리올리니다. 한국의 칼국수 면과 유사하게 약간 납작한 파스타가 탈리아텔레(tagliatelle)인데 탈리올리니는 이보다 가늘다. 탈리아텔레, 탈리올리니 모두 정통으로 만들면 계란이 들어간다. 한편 시칠리아의 피스타치오가 세계적으로 유명한만큼 피스타치오를 활용한 젤라토, 크림, 초콜릿 그리고 페스토까지 다양한 상품을 이탈리아 전역에서 찾아볼 수 있다.

노란 방울토마토 링귀네

바릴라, N.13 링귀네
Barilla, N.13 Linguine
사포리 에 딘토르니 코나드, 노란 방울토마토 과즙
Sapori & Dintorni Conad, Datterino Giallo della Piana del Sele

이탈리아 북부 제노바에서 유래하여 바질 페스토라 불리는 제노베제 페스토에 링귀네를 먹곤 하는데 이번에는 색다르게 노란 방울토마토 소스와 조합해보았다. 파스타용 소스는 아니지만, 새콤달콤하고 입맛을 돋워주어 화이트 와인 한 잔과 함께하니 훌륭한 요리가 되었다.

세계에서 가장 큰 파스타 제조 기업인 바릴라의 링귀네다. (이탈리아어 발음은 사실 '린구이네'에 가깝다.) 링귀네는 납작한 형태의 면으로 스파게티보다 약간 더 넓다. 또한, 흔히 노란 방울토마토라 불리는 다테리노종(pomodoro datterino giallo)은 더 달고 덜 시다. 보통 해산물 피자나 샐러드에 많이 넣어 먹는다.

알리오 올리오 파파르델레

파스타 파나레세, 파파르델레
Pasta Panarese, Pappardelle
델레치에 디 칼라브리아, 알리오 올리오 에 페페론치노
Delizie di Calabria, Aglio, olio e Peperoncino di Calabria

페페론치노를 듬뿍 넣어 매콤한 가공육인 은두자('nduja)가 들어가는 은두자 파파르델레가 칼라브리아식 파스타로 유명하여 여기서 영감을 받아 페페론치노 알리오 올리오(마늘 기름) 파파르델레를 만들었다. 한국인 입맛에 페페론치노 알리오 올리오는 전혀 맵지 않고 파파르델레는 쫀득하니 입안 가득 씹는 즐거움이 있다.

시에나의 발도르차 평원은 광활한 농업지대로 유명한데 그곳의 듀럼밀로 만든 파스타 파나레세의 면이다. 파파르델레는 롱 파스타 중 가장 넓은 축에 속하며 토스카나 지역에서 유래한 것으로 알려져 있다. 한편 이탈리아 남부의 칼라브리아는 페페론치노의 산지로 유명하며 이에 매운 음식 종류도 상대적으로 많다.

토마토 펜네

데 로사, 펜네 리가테
De Rosa, Penne Rigate
코나드, 토마토퓌레
Conad, Passata di Pomodora Rustica

홈이 있는 파스타에 리가테(rigate)를 붙이는데 홈이 없는 면보다 보통 조금 더 단단하고 소스가 잘 스민다. 슈퍼마켓 코나드에서 나온 토마토퓌레를 소스로 선택했는데 파스타용이 아니라 그런지 전체적으로 묽은 편. 소스가 잘 묻지 않아 단단한 펜네 리가테에는 적합한 선택이 아니었다.

길이가 짧은 쇼트 파스타 중 우리에게도 가장 익숙한 형태가 펜촉을 닮은 펜네로, 파스타 건면으로 특히 잘 알려진 이탈리아 남부 그라냐노의 브랜드 데 로사의 제품이다. 펜네는 유래를 정확히 아는 몇 안 되는 파스타인데 1865년 제노바의 조반니 바티스타 카푸로(Giovanni Battista Capurro)가 지금과 같이 사선으로 면을 자를 수 있는 기계의 특허를 받으며 펜네를 만들었다.

토마토 마케로니

마르텔리, 마케로니
Martelli – Famiglia di Pastai, Maccheroni di Toscana
무티, 토마토퓌레
Mutti, Passata di Pomodoro

이탈리아 외 지역에서 쇼트 파스타를 마케로니라고 통칭하는 경향이 있는데 마케로니는 펜네와 달리 잘린 단면이 직선에 가깝다는 차이점이 있다. 하지만 라구 같은 걸쭉한 소스가 어울리는 것은 펜네나 마케로니나 매한가지. 토마토퓌레와 어울리지 않았고 무티 토마토퓌레가 코나드 제품보다 신맛이 훨씬 강하다.

마르텔리는 동명의 가족이 운영하는 브랜드로 피렌체 위쪽 칼렌차노의 듀럼밀로 파스타를 만든다. 제작부터 포장까지 모든 공정을 수작업으로 하는 것이 큰 특징이다. 각종 토마토 가공제품을 만드는 무티 역시 토마토 수확부터 가공, 제품 생산까지 모든 공정을 직접 관리한다. 파르마 지역을 기반으로 1899년에 창립하여 오랜 역사를 자랑한다.

주황 토마토 페스토 파르팔레

룸모, 파르팔레
Rummo, Farfalle
무티, 주황 토마토 페스토
Mutti, Pesto Arancione di Pomodoro

무티의 주황 토마토 페스토에 파르팔레를 조합했다. 주황 토마토에 아몬드, 페코리노 치즈, 노란 피망을 섞은 페스토로, 치즈가 들어가서인지 로제 파스타처럼 부드러운 느낌이었다. 알싸한 피망의 맛이 혀끝에 맴돌아서 느끼하지는 않으나 다소 이색적인 소스라 호불호가 갈릴 듯.

룸모는 이탈리아 남부의 베네벤토에서 1846년부터 파스타를 만들어온 브랜드다. 그중 파르팔레는 모양 그대로 나비들을 뜻하는 이탈리아어 'farfalle'에서 이름을 따왔고 사각형 혹은 타원의 면을 접어서 만든다. 일부 지역에서는 스트리케티(strichetti)라 부르기도 한다. 크림이 들어간 소스와 잘 어울린다.

리코타 블랙 트러플 페스토 파케리

에셀룽가, TOP 파케리
Esselunga, TOP Paccheri Giganti
티굴리오, 리코타 블랙 트러플 후추 페스토
Tigullio, Pesto di Ricotta, Tartufo e Pepe Nero

라벨의 정보에 따라 18분이나 삶았는데도 파케리는 조금 딱딱하게 느껴졌다. 파스타를 푹 익혀 먹는 한국인은 무조건 덜 익었다고 생각할 것 같다. 페스토와 잘 어우러지지 않고 면과 소스가 따로 노는 느낌이었다, 이 조합은 실패.

파케리는 튜브형 파스타 중에 지름이 가장 긴 면이다. 밀의 쫀득한 식감을 선호하는 이탈리아 사람들에게 특히 인기가 좋다. 파케리에는 버섯 크림소스가 잘 어울린다는 추천을 받아 크리미한 소스를 골라보았다. 리코타 치즈에 블랙 트러플과 후추를 섞은 페스토를 조합하였다.

호두 소스 토르텔리

에셀룽가, TOP 양젖 리코타와 시금치 토르텔리
Esselunga, TOP Tortelli Ricotta di Pecora e Spinaci
에셀룽가, TOP 호두 소스
Esselunga, TOP Salsa alle Noci

'salsa di noci'는 으깬 호두에 올리브오일과 소금, 치즈 등을 섞어 만든 호두 소스다. 이탈리아 요리에서 쉬이 찾아볼 수 있고 고소하며 짭조름하여 한국인 입맛에도 잘 맞는다. 두 제품을 조합했을 때 토르텔리 간도 강한 편이라 너무 짠가 싶기도 한데 소스 자체가 맛있어서 계속 먹게 된다.

슈퍼마켓에서 많이 보이는 파스타 브랜드를 묻는 한 설문 결과에서 슈퍼마켓 PB 상품이 바릴라 다음으로 2위를 차지한 적이 있다. 슈퍼마켓 PB도 그만큼 인지도가 있다는 의미다. 그중 에셀룽가 TOP 제품으로 파스타를 만들어 보았다. 토르텔리는 속을 채운 파스타 종류 중 하나로 토스카나를 포함한 이탈리아 중북부에서 즐겨 먹는다. 특히 마렘마 지역은 리코타와 시금치를 넣어 크게 만든 토르텔리로 유명하다.

라구 소스 라자냐

코프, 피오르 피오레 라자냐 생면
Coop, Fior Fiore Lasagne Fresche all'uovo
코프, 피오르 피오레 라구 소스
Coop, Fior Fiore Ragù di Carne Chianina

코프의 PB 라인 중 하나인 피오르 피오레는 우수한 품질을 자랑하여 이들의 제품으로 라자냐를 만들었다. 라자냐 면에 소스와 치즈만 넣고 구웠는데도 여느 레스토랑 부럽지 않은 라자냐가 완성되었다. 이 조합은 누구에게든 안전하게 추천 가능.

라자냐는 넓적한 파스타 면 그리고 이 면과 소스 등을 쌓아 만드는 요리를 동시에 지칭하는데 오늘날 방식과 다르긴 해도 14세기 요리책에도 레시피가 등장할 만큼 역사가 깊은 파스타다. 면 사이 베샤멜 소스, 라구 소스, 채소, 치즈 등을 켜켜이 쌓아 만든다. 여기서 라구는 볶아서 으깬 채소에 고기를 넣고 조린 미트 소스의 일종으로 이탈리아 북부는 고기를 저미거나 다져서 넣고 남부에서는 토막으로 넣는다.

MUTTI
PESTO
Arancione
DI POMODORO
POMODORI ARANCIONI
TIGULLIO
NATURA RUSTICA
CONAD
PASSATA di Pomodoro RUSTICA
ESSELUNGA
ESSELUNGA Top
Salsa alle NOCI
ESSELUNGA Top
PESTO di Pistacchio
Datterino Giallo della Piana del Sele
INTERO IN SUCCO
DELIZIE DI CALABRIA
Aglio, olio e Peperoncino di Calabria
180g
fiorfiore coop
Ragù di carne chianina
180g
CHIANINA
MUTTI
100% ITALIANO
Passata
DI POMODORO

n the Street (No entry sign)

쉬는 시간

Let's Take a Rest

Let's Take a Rest

피렌체 두오모와 우피치 미술관, 베키오 다리에
여러 성당과 궁전까지. 피렌체는 도시 자체가
커다란 박물관이라 볼거리 천지다. 하지만 그럴수록
잠시 숨을 고르고 작은 골목을 탐방해보면 어떨까.
유서 깊은 가게가 곳곳에 숨겨져 있고 관광객 발길이
드문 자리에도 역사적 이야기가 살아 숨 쉰다.
아니면 자동차나 오토바이를 빌려 도시 외곽으로
나가보는 것도 좋겠다. 토스카나의 멋진 자연 풍광을
앞에 두고 관광지 근처만 계속해서 맴도는 것은
조금 아쉽다. 와이너리로 유명한 키안티의 구릉도 좋고,
조금 더 시간을 낼 수 있다면 마렘마 지역의
바닷가도 추천한다.

Groc
Stor

슈퍼마켓과 시장 외에도 작은 식료품점이나 잡화점이 이탈리아 곳곳에 있고 이를 찾아가는 재미 또한 쏠쏠하다. 피렌체 도심에 위치한 페냐와 이탈리, 둘 다 슈퍼마켓보다 규모는 작아도 나름의 특색과 매력으로 사람들의 발길을 사로잡는다. 페냐는 피렌체에만 있는 식료품점으로 다른 곳에서 발견하기 어려운 고급 식자재나 과자류가 잘 전시되어 있어 꼭 물품을 사지 않아도 구경만으로도 충분히 들를 만하다. 한편 이탈리는 식당과 카페를 겸하고 있어 합리적인 가격에 쇼핑뿐만 아니라 식사까지 해결하기 좋다. 두 군데 모두 두오모 가까이 있고 세련된 패키지의 토스카나 특산품을 다양하게 판매하니 한 번쯤 방문해보길 추천한다.

ery

in Firenze

Pegn

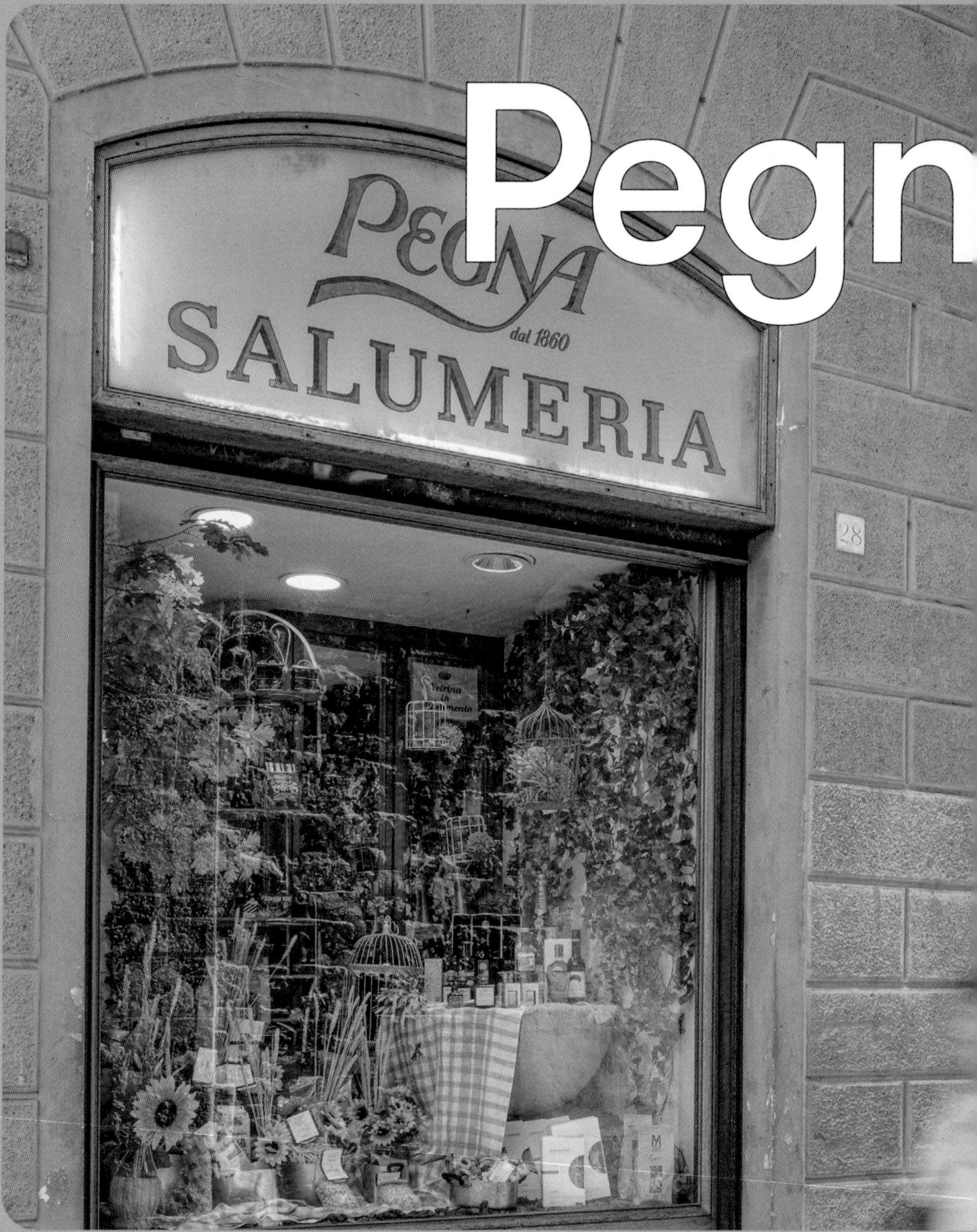

피렌체 두오모 뒤편의 식료품점으로, 이름의 'dal 1860(1860년부터)'에서 알 수 있듯 오랜 시간 한 자리를 지켜왔기에 피렌체 사람들에게는 이제 도시의 유산이나 다름없다. 1860년 화학제품 회사로 문을 연 페냐는 1900년대 접어들어 페인트와 미술 도구를 판매하면서 인근 지역 예술가들의 사랑을 받았다. 이후 향신료, 차와 커피, 과자 등을 판매하던 식료품 매대를 점차 확장하면서 1960년대에 지금과 같은 모습으로 자리 잡았다. 바깥 창문에 크게 철물점(mesticheria), 식품 잡화점(drogheria), 와인 가게(bottiglieria), 육가공품 및 치즈 판매점(salumeria)이라고 적혀 있어 계속해서 변천해온 페냐의 역사를 건물 외관에서도 짐작할 수 있다.

www.pegna.it

페냐
dal 1860

PEGNA
DROGHERIA
PEGNA
MESTICHERIA
BOTTIGLIERIA
20

PEGNA
DROGHERIA
20
USCITA
ENTRATA

MUTTI
BALENA

17세기 수녀원이던 건물을 그대로 사용하여 아치형 천장과 석조 기둥이 특히 멋스럽고 오래된 목제 선반에는 식재료와 생활용품을 비롯한 물건들이 가지런히 정리되어 있다.

토스카나 특산품이나 다른 슈퍼마켓에서 찾기 어려운 고급 식료품, 과자류가 많아 선물할 물건을 찾고 있다면 이곳에 들러봄 직하다. 또한, 페냐가 선택한 제품들은 이들의 고풍스러운 로고를 활용하여 라벨 디자인을 새롭게 해서 독특한 기념품으로 적격이다.

RAGÙ BIANCO
TRIPPA ALLA FIORENTINA
Alpenz

MARVIS
BLANX
Biorepair
mentadent
PRORASO
ACCA KAPPA

이탈리 Eataly

EATALY
EATALY
EATALY
Amalfi

Martinucci
eat better,
live better

오스카 파리네티(Oscar Farinetti)가 이탈리아 음식 문화와 더불어 각 지역의 식재료를 알리기 위해 만든 그로서란트다. 2007년 낡은 양조 공장을 개조해 문을 연 토리노 지점을 시작으로 2023년 기준 이탈리아 전역에 12개의 지점이 있고, 서울, 미국 로스앤젤레스, 브라질 상파울루 등 10여 개국에 약 30개의 해외 지점도 운영한다. 지역의 식재료와 문화를 중시하는 이탈리의 철학에 걸맞게 이탈리아 내 지점은 해당 지역의 특산품, 지역 장인이 만든 제품이나 유기농 생산품 등 지역 제품 위주로, 해외 지점은 와인, 파스타 등 이탈리아 특산품을 주로 판매한다. "먹고, 쇼핑하고, 배운다(Eat, Shop, Learn)"라는 슬로건 아래 이탈리에는 식료품점뿐만 아니라 식당, 도서관이 함께 있어 여기서 파는 식재료로 요리한 음식을 맛보고 해당 음식에 관한 책을 살펴보는 특별한 경험을 할 수 있다. 또한, 와인 시음회, 피자 요리 강좌 등 다양한 교육 프로그램도 활발히 주최한다. 이탈리 피렌체점은 규모가 큰 편은 아니지만, 두오모 인근에 있어 접근성이 좋고 올리브오일, 와인 등 토스카나 산지의 이름난 제품을 다양하게 찾아볼 수 있다.

www.eataly.net

이탈리는 자체 PB 제품을 만들지 않는다. 소규모 생산자의 제작 방식과 전통을 소중하게 생각하고 그들이 잘 알려질 수 있도록 지원하기 위함이다. 대신 지역 상품을 선물용 패키지 또는 세트로 구성하는 등 제품 선정 및 큐레이션에 집중한다.

EATALY
VALDEMONE
VALDEMONE
EATALY
EATALY
EATALY
EATALY
BIO

GRAN BRESAOLA
€46,80
COPPA ARDENGA
€38,90
COPPA DI TESTA
FINOCCHIONA IGP
€29,80

€18.90 Kg
FORMAGGIO FRESCO
€13.60 Kg
CACIOTTA
€ 11,90 al Kg
PECORINO FRESCO L.C
LOCALE
OVINO
€23.80 Kg
LATTE CRUDO
PECORINO AL TARTUFO
TOSCANA
OVINO
€31.90 Kg
EATALY
FRESCO PECORA A CAGLIO VEGETALE
LOCALE
OVINO
PECORINO FRESCO
LOCALE

토스카나를 대표하는 치즈라면 단연 페코리노 토스카노(pecorino toscano)다. 양젖 치즈로 그 지역성을 인정받아 1996년에는 DOP 인증을 받았고 숙성 기간에 따라 프레스코(fresco, 신선한), 스타조나토(stagionato, 숙성된) 등으로 나뉜다. 동일하게 양젖으로 만들어도 페코리노 토스카노가 로마의 페코리노 즉 페코리노 로마노(pecorino romano)보다 덜 짜고 더 부드럽다.

PIZZA ALLA PALA
DATTERINI E ACCIUGHE
€7,00
PIZZA ALLA PALA
TRICOLORE
mozzarella, prosciutto crudo,
€7,0

SCHIACC

4

이탈리에서 일하는 삶은 어떤가요?

왼쪽부터
엘레나 젤리(Elena Gelli)
테레사 벤치니(Teresa Bencini)

간단한 자기소개를 부탁합니다.

테레사(이하 Ⓣ) 테레사 벤치니입니다. 피렌체 출신으로 이탈리(Eataly) 피렌체지점장으로 일하고 있어요. 미국 플로리다에서 이탈리아 음식 알리는 일을 했었고 그때의 경력을 계기로 이탈리에서 일하게 되었어요. 음식을 사랑하는 사람으로서 여기서 일하는 게 자랑스러워요. 이탈리아는 작은 나라지만, 음식 종류가 정말 다양해요. 다채로운 환경 덕분이죠. 피렌체 서쪽으로 한 시간 남짓 가면 바다를 볼 수 있고 남쪽으로 조금만 가면 키안티 지역의 언덕이 나와요. 산도 있고요. 전혀 다른 풍경인데 서로 매우 가까이 있어요. 이런 지역이 흔치 않잖아요. 미국에서 이렇게 서로 다른 풍경을 만나려면 보통 비행기를 타고 가야 하니까요.

엘레나(이하 Ⓔ) 저도 테레사처럼 피렌체 출신이고요. 저널리즘을 공부했지만, 식당에서 일한 경험을 바탕으로 이 업계에 종사하게 되었어요. 이탈리안 식당에서 아메리칸 식당을 거쳐 다시 이탈리안 식당으로 돌아오기까지, 종업원부터 매니저로 여러 단계를 거쳤죠. 지금은 이탈리 피렌체점에서 식음료 부문 매니저로 일하고 있어요.

어떻게 이탈리에서 일하게 되었는지 그리고 이탈리는 어떤 곳인지 잠깐 소개해주세요.

Ⓔ 11년 정도 미국 회사에서 일했는데 이탈리아 주방 문화로 정말 돌아가고 싶었거든요. 와인에 특히 관심이 많았는데 이를 활용할 기회가 없었어요. 그러던 중 이탈리 피렌체점이 문을 열 예정이라는 소식을 들었어요. 여기서 훌륭한 품질의 와인을 고객에게 소개할 수 있으리라 기대했고 제 경험과 열정을 키울 좋은 기회라고 생각했죠. 레스토랑을 잘 운영하는 것도 좋지만, 제품에 대한 해박한 지식을 바탕으로 좋은 식품을 추천하는

일도 중요하니까요. 그러면서 제품 뒤편 생산자들의 역사도 알게 되고요. 이탈리는 생산자들을 직접 만나서 제품의 배경을 이해하려고 노력해요. 그래서 제품의 생산자를 포함해 이탈리 직원 모두가 마치 가업을 함께 이어가는 매우 커다란 가족 같기도 해요. 우리가 같은 목표를 공유하고 진취적인 생각을 가지려면 이 부분이 정말 중요해요. 이탈리는 이렇게 운영되고 있고 매우 멋지다고 생각해요.

Ⓣ 저도 엘레나 생각에 동의해요. 무엇보다 중요한 것은 이탈리아 전역의 제품으로 이탈리가 채워져 있다는 사실이에요. 아주 작은 마을에서 생산하는 제품이라도 품질이 훌륭하다면 이탈리에서 만날 수 있어요. 정말 특별한 경험이죠.

이탈리가 다른 슈퍼마켓과 차별화되는 지점에 대해 조금 더 부연해주신다면요.

Ⓣ 이탈리의 철학이 "먹고, 쇼핑하고, 배운다(Eat, Shop, Learn)"예요. 양질의 식품을 생산하고 그것을 먹는 일은 우리에게 정말 중요하죠. 여기서 한 걸음 나아가 그 제품의 역사를 고객에게 알려주려고 노력해요. 먹는 것에서 그치지 않고 잘 먹는 방법을 배우는 건 다르잖아요. 이것이 이탈리의 특징이라고 생각해요.

Ⓔ 그래서 이탈리는 다양한 교육 프로그램을 함께 운영해요. 교육 프로그램을 통해 음식을 제대로 그리고 자세히 아는 것은 중요하니까요.

그중에서도 피렌체점만의 특징이 있다면 무엇일까요?

Ⓣ 피렌체점뿐만 아니라 해당 지역 고유의 특징을 드러내는 것은 이탈리 매장에서 중요한 부분이에요. 예를 들어 모든 이탈리 지점에서 공통으로 판매하는 파스타도 물론 있지만, 모렐리(Morelli)처럼 피렌체점에서 특히 주목하는 브랜드도 있는 거죠. 모렐리는 토스카나 브랜드거든요. 이처럼 로컬리즘(localism)은 우리에게 정말 중요한 요소예요.

그럼 이탈리 피렌체점에서 몇 가지 상품을 추천해주실 수 있나요?

Ⓔ 토스카나 와인을 반드시 경험해보시길 추천해요. 키안티(Chianti)나 브루넬로 디 몬탈치노(Brunello di Montalcino) 같은 레드 와인이요. 그리고 페코리노 토스카노 치즈도 꼭 먹어봐야 해요. 단것을 좋아한다면 칸투치도 드셔보세요. 토스카나의 전통 비스킷인데 아몬드가 들어간 기본부터 헤이즐넛 등 다양한 맛이 있어요.

몇몇 토스카나 와인을 추천해주셨어요. 이탈리아 전역에 좋은 와인이 워낙 많은데 토스카나 와인의 특징은 무엇이라 생각하시나요?

Ⓔ 굉장히 드라이하고 과실향이 매우 강하다고 생각해요. 시칠리아 같은 이탈리아 남부의 와인 맛이 더 풍부하다고 느낄 수도 있어요. 남부는 지중해성 기후 영향으로 온도가 높고 토양도 여타 지역과 완전히 다르니까요. 남부 와인과 비교하면 토스카나 와인은 드라이한데 그래서 고기나 파스타를 먹을 때 곁들이기 아주 좋아요. 입안을 정돈해주니까요. 토스카나보다 더 북쪽으로 올라가면 레드 와인은 대체로 무거워져요. 나무향이나 베리류의 향이 강하죠. 또는 프로세코(Prosecco)처럼 좋은 스파클링 와인이 많이 생산되는 것으로도 이탈리아 북부가 유명해요. 레드 와인만큼 인상이 강하지 않아서 많은 사람이 즐겨 마시죠.

다들 음식을 사랑하고 또 관련된 일을 하고 계시니 개인적으로 아침, 점심, 저녁에는 무엇을 드시는지도 궁금해요.

Ⓣ 어디든 직장인은 비슷할 것 같은데요. 평소에 잘 챙겨 먹기 쉽지 않죠. (웃음) 저는 아침에 팬케이크나 시리얼, 비스킷을 먹고 점심은 주로 파스타, 피자 아니면 샐러드로 해결해요. 점심과 저녁 사이 간식으로 견과류나 요거트를 챙겨 먹고요. 저녁에는 단백질을 섭취하려고 노력해요. 고기나 치즈에 야채를 곁들여요.

Ⓔ 제 아침은 전형적인 이탈리아식이에요. 커피에 크루아상을 먹어요. 시간적 여유가 있을 때는 요거트나 시리얼을 선택하고요. 점심에는 샐러드나 파스타, 저녁 메뉴는 상황이나 계절에 따라 달라지는데 보통 소고기나 닭고기를 먹어요. 겨울에는 수프를 자주 먹죠. 리조토나 파스타를 저녁으로 먹기도 해요.

그럼 나만의 파스타 레시피도 있으신가요?

Ⓔ 제가 정말 좋아하는 레시피가 있어요. 여름에 잘 어울리는 감자와 생선 파스타예요. 손이 많이 가는 레시피이긴 한데 진짜 맛있어요. 감자를 삶은 다음 으깨는데 이때 퓌레보다는 조금 덜 으깬다는 느낌으로 감자의 식감을 어느 정도 살려줘요. 여기에 흰살생선을 넣어요. 오징어도 괜찮고요. 그리고 올리브오일과 화이트 와인을 넣고 섞어요. 파스타 면은 취향껏 고르면 돼요. 저는 푸실리처럼 짧은 파스타 면을 넣는 게 맛있더라고요. 소스가 잘 묻어서요. 파스타 면은 특히 남부의 그라냐노 지역에서 만든 제품을 선호해요. 이 지역이 파스타로 워낙 유명한데 너무 끈적거리지 않아서 좋아요.

팬데믹 이후에 많은 관광객이 피렌체를 다시 찾기 시작했어요. 피렌체에서 꼭 해보았으면 하는 일도 소개해주세요.

Ⓣ 장미정원(Giardino delle Rose)이 가장 먼저 떠올랐어요. 미켈란젤로 광장 근처에 있고 광장에 비해 여기는 덜 알려졌는데 정말 멋진 곳이에요. 피렌체 전망을 보기에도 좋고 특히 초여름에는 형형색색 다양한 장미가 꽃을 피워서 더욱 예뻐요. 스쿠올라 델 쿠오이오(Scuola del Cuoio)도 추천하고 싶어요. 이름 그대로 가죽 공방인데요. 피렌체 특산물 중 하나가 가죽 제품이잖아요. 여기서 작은 가죽 수공예품을 직접 만들어볼 수 있어요. 가죽 제품 만드는 공정을 살펴볼 수 있고 그리 비싸지도 않아요. 그리고 한 번쯤 조토의 종탑(Campanile di Giotto)에 올라 두오모를 보세요. 두오모에 올라가면 정작 두오모가 보이지 않잖아요. 조토의 종탑에서 피렌체 도심을 한눈에 둘러보는 것도 좋은 경험이 될 거예요. 마지막으로 피렌체 시내에서 벗어나 보세요. 키안티의 와이너리에 가보는 것도 좋고요. 카스틸리온첼로(Castiglioncello)도 추천해요. 도심에서 차로 한 시간 정도 거리에 있는 바닷가 마을인데 수영하기 좋은 동네예요.

한편 피렌체를 방문하는 관광객이 어떤 에티켓을 갖추면 좋을까요?

Ⓔ 제가 아는 대부분 피렌체 사람은 이 도시를 정말 사랑해요. 세계에서 가장 아름다운 최고의 도시라고 항상 얘기하고 여기서 소속감을 느껴요. 그래서 이곳을 찾는 사람들도 이 도시의 진가를 알아보고 존중해주면 좋겠어요.

Ⓣ 정말 중요한 건데요, 파스타를 푹 익혀 달라고 하지 마세요. (웃음) 고기도

마찬가지예요. 핏기가 어느 정도 있어야 고기라고 할 수 있죠. 그리고 한 가지 더, 파스타를 삶을 때 제발 부러뜨려 넣지 마세요. 우리에게 음식은 정말 민감한 문제예요.

마지막으로 피렌체에서의 삶은 어떠한지 짧게 정의하여 표현한다면요.

Ⓣ 양질(High Quality). 서두르지 않고도 삶을 즐길 수 있어요.

Ⓔ 건강함(Healthy). 피렌체 도심에 살면 대중교통을 이용할 필요가 없어요. 어디든 걸어서 갈 수 있죠. 걷기는 건강에 좋을 뿐만 아니라 걸으면서 머리와 눈이 신선한 자극을 받아요. 피렌체 어디를 가든 예술 또는 예상하지 못했던 것들을 만날 수 있으니까요.

이야기해보자
Let's Talk

5

한국의 이탈리는 어떤가요?

마시밀리아노 산니노(Massimiliano Sannino)

간단한 자기소개를 부탁합니다.

이탈리 코리아에서 총괄 셰프로 일하고 있는 마시밀리아노 산니노입니다. 이름이 길어서 다들 마시모라고 편하게 불러요. 나폴리 출신이고, 한국인 아내를 만나 여기 산 지는 20년 정도 되었네요.

이탈리 매장이 전 세계에 있는데 한국 지점만의 특징이 있다면 무엇일까요?

크게 다른 점은 없는 것 같아요. 전 세계 어디서든 이탈리아의 맛을 그대로 전달하는 것이 이탈리의 규칙이에요. 가장 중요한 것은 이탈리아 음식에 대한 진정성이니까요. 예를 들어, 우리는 파스타에 크림을 넣지 않아요. 카르보나라를 수프처럼 흥건하게 만드는 일은 없죠.

한국 지점에서 판매할 메뉴를 정할 때 특별히 고려하는 점이 있나요? 다른 이탈리 매장 메뉴와 맞춘다든가요.

현지 상황과 계절에 따라 정하니까 다른 매장 메뉴와 같을 수가 없어요. 이탈리아 음식에 대한 진심을 바탕으로 셰프가 알아서 정하는 거죠. 지난여름에 루콜라 페스토를 사이드 메뉴로 선보이고 싶었거든요. 그런데 비가 너무 많이 오면서 루콜라 작황이 좋지 못했고 대신 전복 메뉴를 구상해서 판매했어요.

이탈리는 좋은 식당인 한편 양질의 식자재를 구할 수 있는 상점이기도 하니까요. 여기서 판매하는 제품 중 몇 가지 추천해주세요.

얼바니(Urbani)의 트러플 페스토, 코시 코메(Così Com'è)의 토마토, 아미카(Amica) 감자칩을 추천해요. 트러플 페스토는 다양한 음식에 적용할 수 있어요. 저는 피자를 만들어 먹는데 파스타나 브루스케타에 얹어도 좋아요. 한국 사람들이 정말 좋아하죠. 코시 코메의 토마토 제품은 오일이 아니라 물에 토마토를 통으로 담가 놓은 거예요. 샐러드나 파스타에 넣어 먹으면 신선하고 정말 맛이 좋아요. 그리고 아미카 감자칩 중에 튀긴 게 아니라 감자를 구워서 만든 게 있거든요. 담백해서 제가 개인적으로 좋아하는 과자예요.

와인도 추천해주실 수 있을까요? 와인은 고를 때마다 고민되어요.

개인적으로 시칠리아나 남부 와인을 좋아해서요. 루나 가이아(Luna Gaia)의 네로 다볼라(Nero d'Avola) 와인이 괜찮고요. 아! 루나리아(Lunaria)의 루미나트 프리미티보(Ruminat Primitivo)도 좋아요. 이 와인은 이탈리아 중부 와인이긴 한데 프리미티보 품종의 포도로 만든 거예요. 저는 프리미티보나 네그로아마로(Negroamaro) 같이 이탈리아 남부의 포도 품종으로 만든 와인을 고르는 편이에요.

피렌체에 가보니 토스카나 와인은 대부분 산조베제 품종 기반이던데요. 남부 와인과 어떻게 다른지 궁금해요.

토스카나 와인과 시칠리아 와인을 와인잔에 담아 빛에 비춰보면 바로 알 수 있어요. 남부 와인은 색도 핏빛에 가깝고 걸쭉한 느낌이 강해요. 토스카나 와인은 상대적으로 가볍고 묽어요. 포도 품종뿐만 아니라 일조량에도 차이가 있어서 포도 재배 결과가 달라지기 때문이에요.

이탈리아 음식 문화는 지역에 따라 크게 다른 점이 재미있어요. 그렇다면 토스카나 음식의 특징은 무엇이라고 생각하시나요?

제가 나폴리 출신이라 두 지역을 비교해서 설명해볼게요. 토스카나는 전원 지역이라 고기 요리가 많고 투박한 편이에요. 피렌체식 티본스테이크도 있잖아요. 농촌 스타일의 음식이라고 해야 할까요. 반면에 나폴리는 해안가라 음식이 약간 짜고 레몬이나 토마토처럼 신선한 재료를 많이 사용해요. 베수비오 화산 근처에서 자라는 피엔놀로 토마토(pomodorino del piennolo del Vesuvio)라고 있거든요. 화산 토양의 영향으로 약간 시큼 쌉싸래한 맛이 있어요. 이처럼 이탈리아는 지역 환경에 따라 재료가 천차만별이고 음식 문화도 개별적으로 특색 있게 발전해 왔어요.

봉골레 파스타

재료
파스타 180g, 올리브오일 3큰술, 페페론치노 올리브오일 1큰술, 모시조개 300g, 소금 40g, 마늘 1개

아펠트라 링귀네 듀럼밀 파스타
이탈리아 정통 방식의 청동 압출, 자연 건조로 만들어 표면이 거칠고 이로 인해 소스를 잘 흡수하는 최고의 건면이다.

로이 엑스트라버진 올리브오일
리구리아 지역의 타지아스카 올리브로 만든 오일로 모든 요리와 두루 잘 어울린다.

큐트레라 페페론치노 올리브오일
시칠리아의 재료로 만든 페페론치노 올리브오일로 페페론치노의 신선하면서 매콤한 풍미를 잘 느낄 수 있다.

1. 모시조개는 하루 전날 해감해놓습니다.
2. 물 2L를 끓이다가 소금 40g을 넣습니다. 물이 끓어오르면 면을 넣고 10~11분간 삶습니다. (알덴테 면을 원하면 기호에 따라 1~2분 적게 삶아주세요.)
3. 팬에 올리브오일 3큰술, 마늘 1개를 통으로 넣고 은은한 불에 약 2분 동안 익혀 마늘향 오일을 준비합니다.
4. 여기에 모시조개를 넣고 뚜껑을 닫은 다음 약 3분간 중불에서 익힙니다.
5. 준비한 소스 팬에 삶은 면을 넣고 약 2분간 중불에서 볶아줍니다.
6. 마지막으로 불을 끄고 큐트레라 페페론치노 올리브오일을 넣어 풍미를 더합니다.

이탈리에서 판매하는 제품으로 손쉽게 만들어 먹을 수 있는 파스타 레시피를 공유한다.

* 각 레시피는 2인분 기준

트러플 파스타

재료

파스타 180g, 트러플 페스토 90g, 트러플 오일 60g, 트러플 솔트 2g, 버터 30g, 양파 1/2개, 양송이버섯 1개, 소금 40g, 파르미자노 치즈 30g

모렐리 트러플 링귀네 파스타

반죽에 트러플이 가미된 수제 파스타로 트러플의 풍미를 느낄 수 있다.

얼바니 블랙 트러플 페스토

블랙 트러플과 양송이로 만든 소스로 양송이의 담백함과 트러플향의 조화를 맛볼 수 있다.

얼바니 블랙 트러플 오일

트러플이 가미된 올리브오일로 요리 마지막에 1~2방울 정도 추가해도 트러플향을 느낄 수 있는 최고급 오일이다.

얼바니 화이트 트러플 솔트

화이트 트러플이 가미된 천일염으로 파스타, 생선, 육류 요리 마지막에 첨가하면 풍미를 더할 수 있다.

1. 물 2L를 끓이다가 소금 40g을 넣습니다.
   물이 끓어오르면 면을 넣고 6~7분간 삶습니다.
2. 양파 1/2개는 곱게 썰고 양송이버섯 1개는 가늘게 썰어 준비합니다.
3. 팬에 트러플 페스토 90g, 트러플 오일 60g, 버터 30g, 썰어둔 양파와 양송이버섯, 트러플 솔트 2g을 넣고 약한 불에 2~3분 볶아 소스를 준비합니다.
4. 준비한 소스에 삶은 면을 넣어 1~2분 볶습니다.
   접시에 담은 후 트러플 오일을 1큰술 뿌려 풍미를 더합니다.
5. 파르미자노 치즈가 있다면 강판에 2~3번 정도 갈아 넣습니다.

달콤 쌉쌀한 초콜릿
Can't Live Without Hazelnut

이탈리아에서 초콜릿의 도시로 꼽히는 곳은 사실 북서부 피에몬테주의 토리노지만, 전국의 제품을 구할 수 있다는 것이 슈퍼마켓의 장점 아니겠는가. 다양한 브랜드의 초콜릿을 먹고 평해보았다. 피에몬테의 또 다른 특산물이 헤이즐넛이라 그런지 헤이즐넛이 안 들어간 초콜릿을 도리어 찾기 어려웠다.

* 제품별 가격은 구매처에 따라 다를 수 있다.

1 사포리 에 이데 코나드, 레몬과 생강이 들어간 다크초콜릿
Sapori & Idee Conad, Fondente con Limone e Zenzero
www.conad.it, 1.83€

슈퍼마켓 코나드의 프리미엄 라인 사포리 에 이데의 초콜릿으로 설탕에 절인 듯한 레몬이 들어가 있고 생강향이 강하게 난다. 이탈리아 사람들은 레몬과 생강의 조합을 좋아하여 유사한 초콜릿이 상당히 많고 다른 디저트류에도 자주 활용한다.

2 벤키, 크레미노 1878
Venchi, Cremino 1878
it.venchi.com, 4.60€

1878년 토리노에서 출발한 초콜릿 브랜드로 피렌체에 젤라토를 함께 파는 젤라테리아 겸 초콜릿 가게가 있다. 이 제품은 아몬드 넣은 화이트초콜릿을 잔두야 사이에 끼워 만든 것이다. 잔두야(gianduja)는 헤이즐넛 페이스트에 초콜릿을 더한 것으로 토리노의 특산품 중 하나다. 부드럽고 달콤하여 전체적으로 무난하게 맛있다.

3 노비, 잔두야 판초콜릿
Novi, Tavoletta Gianduja
www.elah-dufour.it, 1.41€

슈퍼마켓에서 쉽게 찾아볼 수 있는 노비의 잔두야 초콜릿으로, 버터처럼 상당히 부드럽고 헤이즐넛향이 몹시 강하다. 대부분 좋은 평을 받았다.

4 페루지나, 피스타치오 다크초콜릿
Perugina, Nero Pistacchio
www.perugina.com, 1.55€

1907년 페루자에서 창립한 브랜드의 제품으로 피스타치오가 잘게 들어가 견과류 식감은 덜한데 다크초콜릿임에도 상당히 달게 느껴진다. 뒤로 갈수록 단맛이 강해지고 초콜릿의 여운이 길게 남는다.

5 카파렐, 잔두야 1865
Caffarel, Gianduia 1865
www.caffarel.com, 2.98€

1826년 토리노에서 시작한 브랜드로 잔두야 초콜릿이 대표 제품임에도 벤키, 노비의 것이 더 맛있다는 평이 많았다.

6 페레로 로쉐, 헤이즐넛 다크초콜릿
Ferrero Rocher, Tavoletta con cioccolato fondente e nocciole
www.ferrero.it, 2.07€

한국에도 잘 알려진 페레로 로쉐의 제품으로 분쇄된 헤이즐넛이 들어가 있다. 입자가 매우 부드럽고 초콜릿 맛이 강하여 초코우유를 연상시킨다. 전체적으로 가장 고급스럽다는 평가가 많았다.

7 바치 페루지나, 루이사 다크초콜릿 클래식
Baci Perugina, Classico Fondente Luisa
www.baciperugina.com, 3개에 2.14€

바치는 페루지나의 대표 제품으로 초콜릿 안에 잔두야와 통헤이즐넛이 들어간다. 어디서든 보이는, 이탈리아 대표 초콜릿이라 할 수 있는데 겉을 감싼 초콜릿이 카카오버터가 분리된 듯한 저렴한 느낌이라 실망하였다.

8 노비, 헤이즐넛 다크초콜릿
Novi, Nocciolato Fondente
www.elah-dufour.it, 2.07€

노비의 다크초콜릿으로 헤이즐넛이 많이 들어가 씹는 재미가 있다. 초콜릿 자체는 꽤 씁쓸한 느낌.

9 페레로, 두플로 헤이즐넛 초콜릿
Ferrero, Duplo Nocciolato
www.ferrero.it, 3개에 1.39€

초콜릿 안에 웨이퍼, 초콜릿 크림, 통헤이즐넛이 들어간 제품으로 몹시 달다.

10 페레로, 킨더 부에노 화이트
Ferrero, Kinder Bueno White
www.ferrero.it, 2개에 1.79€

딱 화이트하임 과자가 생각나는 맛. 상당히 달긴 하지만, 묘하게 한국에서 먹는 킨더 부에노 초콜릿보다는 덜 단 것 같다.

Finding perfect MintChoco

1 초카루아, 모디카의 민트 초콜릿
Ciokarrua, Cioccolato di Modica IGP – Menta
www.ciokarrua.it, 3.80€

남부 시칠리아 모디카 지역의 브랜드로 생강, 계피, 바질이나 무화과 등 상당히 독특한 초콜릿 제품이 많다. 한국의 보통 민트초코 제품과 다르게 민트가 크림이 아니라 알갱이 형태로 들어가서 매우 까끌까끌하고 민트의 향은 너무 미미하다. 락토프리, 글루텐프리 제품으로 한국인 입맛에 익숙한 느낌은 아니다.

●○○○○

2 바라티 에 밀라노, 민트 설탕 초콜릿
Baratti & Milano, Tavoletta con Cristalli di Zucchero alla Menta
shop.barattiemilano.it, 2.50€

1858년 페르디난도 바라티(Ferdinando Baratti)와 에도아르도 밀라노(Edoardo Milano)가 토리노에서 시작한 브랜드로 당시 사보이 왕가에 초콜릿을 납품하면서 널리 알려졌다. 민트 에센셜 오일을 첨가한 설탕 결정을 초콜릿에 넣었다. 민트향이 강하여 초콜릿 맛은 잘 느껴지지 않는다. 입안이 시원하다.

●●●●○

3 벤키, 민트 다크초콜릿
Venchi, Tavoletta Fondente & Menta
it.venchi.com, 4.70€

벤키 역시 토리노에서 시작한 브랜드로 1878년 만들어졌다. 이탈리아에서는 민트를 알갱이 형태로 넣는 것이 일반적인 방식인가 보다. 여기도 다크초콜릿에 민트 알갱이가 들어가 있다. 다른 제품에 비해 초콜릿이 다소 묵직하여 은은한 향의 민트 입자와 꽤 잘 어울리고 전체적으로 딱딱한 편이다.

●●○○○

4 바라티 에 밀라노, 페퍼민트잎 초콜릿
Baratti & Milano,
Tavoletta con Foglie di Menta Piperita
shop.barattiemilano.it, 2.50€

바라티 에 밀라노의 또 다른 민트 초콜릿이다. 화이트초콜릿에 피에몬테의 페퍼민트잎을 넣었다. 잎이 들어가서 다른 민트 초콜릿과 확연히 다르고 화이트초콜릿 기반이라 민트초코 우유 같은 느낌도 있다. 첫입에는 화이트초콜릿의 달콤함 때문에 민트가 거의 느껴지지 않는데 끝으로 갈수록 민트향이 계속 맴돈다. 한국의 민트초코와는 결이 다른 상쾌함이 있어 꽤 좋은 평가를 받았다.

●●○○○

민트의 강도는 "골라 먹는 아이스크림 체인점 B 그곳"의 '민트 초콜릿 칩' 아이스크림을 5로 놓고 1부터 5 중 숫자로 평가한다. 숫자가 낮을수록 민트맛이 약한 것, 제품의 우수성과는 무관하다.

상은 왜 치약을 먹냐며 민트초코를 손가락질하지만,
리는 알고 있다. 세상은 넓고 민트초코 마니아는
다는 것을. 완벽한 민트초코를
아 세상을 누비는 우리는
트초코 원정대, 민초원!
렌체에서 발견한
트초코 제품을
개한다.

UN PACK FIRENZE

피렌체 풀어보기

우당탕탕 토스카나 와인 시음기

TUSCAN WINE

포도즙을 발효시켜 만드는 와인은 이탈리아 사람들에게 술이 아니라 식사의 일부다. 그래서인지 시장, 슈퍼마켓, 와인 가게 등 어디서든 다양한 와인을 쉽게 찾아볼 수 있다. 이들에게 와인은 기호품보다 필수품에 가깝기 때문이다. 위아래로 길쭉한 지형 덕에 이탈리아는 토양이 다양해 여러 품종의 포도를 키울 수 있어 주마다 토착 품종을 재배하고 해당 지역에 사는 사람만 아는 와인이 있을 정도로 저마다 지역 특색이 강한 편이다.

토스카나는 이탈리아 와인의 다채로운 매력을 고스란히 느낄 수 있는 지역이다. 산과 바다, 평지가 두루 있어 포도밭 면적이 넓지도 와인 생산량이 빼어나게 많지도 않지만, 그 다양성과 오랜 역사로 이탈리아 와인을 대표하는 산지가 되었다. 그래서인지 토스카나를 상징하는 와인을 꼽기란 힘들지만, 우리에게 비교적 익숙한 키안티, 브루넬로 디 몬탈치노와 전통 디저트 와인인 빈산토 그리고 토스카나 와인에 전 세계가 다시 주목하게 만든 슈퍼 투스칸 등이 유명하다.

토스카나 와인의 특징을 파악하려면 이곳 토착 품종인 산조베제를 알아야 한다. 대부분의 이곳 레드 와인이 산조베제를 기반으로 한다. 산조베제로 만든 와인은 산미가 있으나 맛이 강하지도 가볍지도 않아 어떤 음식과 곁들여도 잘 어울린다. 나에게 어울리는 와인을 찾고 있다면, 우선 와인 라벨을 살펴보는 편이 좋다. 와인 생산자와 포도 재배지, 품종 그리고 해당 포도를 수확한 연도(빈티지)와 등급이 적혀 있는데 안티노리, 프레스코발디, 반피 같은 유명 와이너리의 와인이라면 어느 정도 믿을 만하다. 이보다 더 눈여겨보아야 하는 것은 보통 뒤편에 적는 'integralmente prodotto e imbottigliato da…' 또는 'imbottigliato all'origine da…'라는 문구다. 포도 재배부터 병입까지 한 회사에서 도맡아 진행했음을 지칭하니 이 문구가 있는 와인이라면 품질이 어느 정도 보장된다.

사실 슈퍼마켓 편집부 모두 와인을 잘 아는 편은 아니라 처음 와인을 고를 때 어려움이 많았다. 슈퍼마켓과 와인 가게를 계속 돌아다니며 몇 가지 기준을 정해보았다. 어느 슈퍼마켓을 가든 자주 보이는 동시에 재고가 얼마 없을 정도로 인기 좋은 제품, 와인 리뷰 앱에서 리뷰 수가 많아 어느 정도 대중성이 보장된 제품, 그리고 가장 중요한 현지인의 추천. 또한, 되도록 다양한 와이너리, 지역의 제품을 고루 선정할 수 있도록 했다. 우당탕탕, 토스카나 와인 시음기를 함께해보자.

슈퍼마켓에서 자주 보이는 와인 중에 재고가 적은 제품 위주로 골랐고 레드 와인이 강세인 토스카나 지역 문화를 고려하여 화이트 와인 4종, 레드 와인 8종을 선정했다. 와인을 따자마자 한 번 마시고 약 1시간 후에 한 번 더 마시며 평을 한 다음 화이트 와인 중 하나, 레드 와인 중 하나씩 원픽을 뽑았다.

와인을 고를 때 비비노(Vivino) 앱의 도움도 받았다.
V 총 평점 (리뷰 수) / 해당 빈티지 - 평점 (리뷰 수)
평점은 5점 만점, 해당 정보는 2023년 3월 기준
www.vivino.com

서로 다른 입맛의 4인이 와인을 마셨다!
(평소 선호하는 와인 스타일은?)

A 요즘 와인 입문 단계라 아직 잘 모르지만, 레드보다 화이트 와인을 선호한다. 산미가 있고 가벼운 와인이 좋다.
B 가격은 거짓말하지 않으므로 비싼 와인이 맛있을 확률이 높다고 믿는다. 보통 와인 가게에서 추천받아 구매한다.
C 와인만 마시면 숙취에 시달려 즐기지 않는다. 달달한 모스카토 와인만 가끔 한 잔씩 마신다.
D 그간 잘 몰랐는데 피렌체 출장을 다녀오며 와인에 눈을 떴다. 싱그럽고 달지 않은 와인을 좋아한다.

이탈리아의 와인 등급

이탈리아 식품을 보면 DOP, IGP 등 뜻을 알기 어려운 표지를 발견할 수 있는데, 유럽연합의 지리적 표시 보호제의 일환으로 해당 식품이 특정 지역에서 생산 또는 제조되었음을 인증하는 방식이다. (특정 지역에서 전통적 방식으로 생산부터 제조까지 완료한 경우 DOP(Denominazione di Origine Protetta), 생산이나 제조 등 일부 공정을 진행한 경우 IGP(Indicazione Geografica Protetta)를 받을 수 있다.) 와인도 식품의 일부로 이 제도 아래 관리되고 있다.

와인 역시 원산지 즉, 어디서 어떤 포도로 만든 것인지에 따라 등급이 나뉜다. 현재 이탈리아 와인 등급은 크게 넷으로 DOCG, DOC, IGT, VdT 순으로 높게 평가한다. DOC(Denominazione di Origine Controllata)는 식품의 DOP와 유사한 개념으로 포도 재배지, 사용한 포도 품종, 알코올 함유량 등 구체적인 규정에 따라 인증받을 수 있다. DOCG(Denominazione di Origine Controllata e Garantita)는 DOC보다 한 단계 높은 등급으로 관련 규정 또한 훨씬 까다롭고 정부가 인증한 전문가의 시음 심사까지 통과해야 한다. DOCG 와인 병목에는 정부가 관리하는 일련번호가 붙는다. IGT(Indicazione Geografica Tipica)는 식품의 IGP에 상응하는 것으로 요즘은 와인도 IGT 대신 IGP 등급으로 부르기도 한다. 토착 품종을 얼마 이상 사용해야 하는 등 전통적 제조방식을 지켜야 하는 DOC나 DOCG에 비해 생산 방식이 조금은 자유로운 편이다. VdT(Vino da Tavola)는 말 그대로 테이블 와인이란 뜻으로 대부분 지역이나 품종과 관계없이 느슨하게 만들어도 된다. 등급을 결정하는 일차 요소가 포도 재배지와 품종인 만큼 와인 라벨을 잘 살피면 등급 앞에 지역과 품종이 적혀 있다.

이탈리아 전역에 DOCG 등급을 받은 와인이 70여 종 되는데 토스카나에서 가장 유명한 것은 키안티 클라시코(Chianti Classico) 와인일 것이다. 키안티와 키안티 클라시코 와인을 종종 헷갈리는데 둘 다 DOCG 등급의 와인이긴 하지만, 우선 구체적인 포도 재배지가 다르고 키안티 클라시코는 토착 품종인 산조베제를 80% 이상 사용해서 만들어야 하는 등 키안티보다 생산 규정이 더욱 엄격하여, 이를 상징하는 검은 수탉 로고는 키안티 클라시코에만 붙일 수 있다. 과거에는 키안티 와인을 전통적 와인병 형태인 피아스코(fiasco, 아래가 넓고 둥그런 형태의 와인병)로 유통하여 피아스코가 키안티 와인을 상징하던 때도 있었으나 요즘에는 모두 길쭉한 현대적 와인병으로 판매한다.

한편, 이처럼 고지식한 규제에 답답함을 느끼던 와인 생산자들은 20세기에 접어들어 이른바 '슈퍼 투스칸(Super Tuscan)'으로 불리는 새로운 와인을 만들기 시작한다. 토스카나에서는 산조베제를 일정 비율 이상 사용해야 DOC나 DOCG 등급을 받을 수 있지만, 카베르네 소비뇽이나 메를로 같은 외래 품종을 적극적으로 블렌드하거나 화이트 품종의 포도 역시 자유롭게 사용하는 것이다. 또는 외래 품종만 사용하여 와인을 만들기도 한다. 이에 슈퍼 투스칸은 대부분 IGT 등급밖에 받을 수 없으나 생산 방식의 유연성을 기반으로 전 세계 와인 애호가들이 토스카나에 다시금 주목하는 계기를 만들어주었다. 기존의 와인 등급 체계에서 벗어나려는 새로운 시도가 이처럼 계속해서 이뤄지고 있으므로 와인을 고를 때 등급에만 얽매일 필요는 전혀 없지만, 기본 원리를 이해해두면 원산지와 품종 정도는 수월하게 파악하고 나에게 맞는 와인을 조금 더 빨리 찾을 수 있을 것이다.

레 키안티자네(로자 델 솔레), 베르나차 디 산지미냐노 Le Chiantigiane(Loggia del Sole), Vernaccia di San Gimignano DOCG 2021

www.chiantigiane.it, 750ml, 12%, 5.99€

레 키안티자네의 로자 델 솔레 라인 중 화이트 와인. 베르나차 디 산지미냐노는 토스카나 산지미냐노 지역의 베르나차 포도라는 뜻이다. 산지미냐노는 레드 와인이 강세인 토스카나에서 드물게 화이트 와인으로 유명한 산지인데 이 지역의 토착 품종인 베르나차 덕분이다. 베르나차 디 산지미냐노는 13세기에도 재배한 기록이 있을 정도로 역사가 오래되어 1966년 이탈리아 와인 중 처음으로 DOC 등급을 받았으며 이후 1993년 DOCG로 승급되었다. 토스카나의 숨겨진 보석으로 브랜드를 불문하고 가격이 높지 않아 가볍게 즐기기 좋다. 그중 이 제품은 편하게 마실 수 있는 테이블 와인으로 시트러스향에 드라이하고 산도가 높다.

★ 맛있다, 나의 원픽은 이것!

- Ⓥ 3.1 (1,322)
- Ⓐ 풍미 없이 산미만 느껴진다. 맹물에 산미만 더해진 느낌이라고 해야 할까.
- Ⓑ 비슷한 생각이다. 와인에 물을 탄 맛이다.
- Ⓒ 와인보다는 음료수 느낌이 강하다. 여름에 시원하게 마시기는 괜찮을 듯.
- Ⓓ 이탈리아 와인이 대부분 산미가 강하다고 느꼈는데 다른 와인에 비하면 오히려 산미는 낮은 것 같다. 와인 같지 않다는 의견에 동의한다.

안티노리(빌라 안티노리), 비앙코 토스카나 Antinori(Villa Antinori), Bianco Toscana IGT 2021

www.antinori.it, 750ml, 12%, 7.14€

빌라 안티노리는 안티노리의 토스카나산 와인 브랜드 라인이다. 전 세계에서 오래된 와이너리 중 하나로 꼽히는 안티노리 가문은 1385년부터 피렌체를 중심으로 600년 이상 와인을 만들어왔다. 오늘날 키안티 클라시코, 몬탈치노, 볼게리를 비롯하여 토스카나 지역은 물론 움브리아주 등 이탈리아 곳곳에 포도밭이 있다. 그중 빌라 안티노리 비앙코는 1931년 출시된 안티노리의 유명 제품이다. 이탈리아에서 보편적인 화이트 품종인 트레비아노에 몇몇 다른 화이트 품종을 블렌드하여 만든다. 시트러스향, 과일향, 꽃향 등 향이 풍부하고 상큼한 산미가 오래 남는 와인이다.

- Ⓥ 3.8 (41,596) / 2021 – 3.9 (1,621)
- Ⓐ 어느 마트에 가든 이 와인이 있는 걸 봤다. 그만큼 대중적인 와인이라는 게 아닐까. 맛의 밸런스가 상당히 좋다. 단맛도 인공적이지 않다.
- Ⓑ 플로럴한 향이 은근히 강하다. 달고 상큼하여 더운 날 마시기 좋겠다. 화이트 와인에서 단맛은 미덕이다. 훌륭하다. 다만 시원할 때 빨리 마셔야 할 것 같다. ★
- Ⓒ 식사에 곁들이기보다 간단하게 한잔할 때 어울릴 듯하다. 알코올 느낌이 덜하고 끝에 약간 찌릿한 탄산 느낌이 있다. ★
- Ⓓ 나에게는 너무 달게 느껴진다. 단맛 반, 산미 반인 느낌.

프레스코발디(카스텔로 포미노), 포미노 비앙코 Frescobaldi(Castello Pomino), Pomino Bianco DOC 2021

www.frescobaldi.com, 750ml, 12.5%, 8.90€

프레스코발디는 피렌체의 오래된 귀족 가문으로 1308년부터 와인을 만들어왔다. 토스카나 여러 지역에서 와인을 만들고 그에 따른 각각의 브랜드가 있는데 그중 포미노는 1716년 코시모 3세 데 메디치가 토스카나의 4대 와인 산지 중 하나로 꼽은 기록이 있을 정도로 유서 깊은 곳이다. 포미노 지역의 포도밭 대부분 프레스코발디 소유라 포미노 와인 중 프레스코발디의 포미노 비앙코가 대표적이다.
한편 프레스코발디는 카베르네 소비뇽, 샤르도네 등 프랑스의 포도 품종을 토스카나 지역에 처음 들여온 와이너리로 포미노 비앙코 역시 프랑스 품종인 샤르도네와 피노 블랑을 블렌드한 것이다.
목 넘김이 부드럽고 산뜻하며 풋사과, 배 등의 과일향과 나무향이 어우러지는 것이 특징이다.

- Ⓥ 3.7 (7,924) / 2021 – 3.8 (217)
- Ⓐ 앞의 빌라 안티노리 비앙코가 가볍게 마시는 느낌이라면 이건 식사에 어울린다. 나는 안주파라서 곁들여 마시기 좋은 이 와인이 더 좋다. ★
- Ⓑ 식전주로 좋을 듯하다. 산미가 어느 정도 있으면서 적당히 드라이하다.
- Ⓒ 전형적인 하우스 와인 느낌이다.
- Ⓓ 빌라 안티노리 비앙코가 너무 달게 느껴져서 덜 달고 드라이한 이 와인이 나에게는 더 맛있다. 버터에 구운 생선요리에 잘 어울릴 것 같다.

안티노리(테누타 구아도 알 타소), 베르멘티노 볼게리 Antinori(Tenuta Guado al Tasso), Vermentino Bolgheri DOC 2021

www.antinori.it, 750ml, 12.5%, 12.80€

테누타 구아도 알 타소는 토스카나 볼게리 지역에 위치한 안티노리의 포도 재배지다. 해안 지역인 볼게리는 토스카나 내륙과는 다른 기후조건으로 산조베제뿐만 아니라 외래 품종인 카베르네 소비뇽, 메를로, 시라 등도 잘 자라며 기존의 와인 등급을 벗어나는 '슈퍼 투스칸' 와인 열풍이 시작된 곳이기도 하다. 이 와인의 이름이자 원료인 베르멘티노는 이탈리아 리구리아나 사르데냐 등 해안 지역에서 주로 재배하는 화이트 품종으로 포도 껍질이 얇고 약간 씁쓸한 맛이 특징이다. 안티노리의 베르멘티노 볼게리는 시트러스와 허브향이 나고 여운이 길게 남는다.

- Ⓥ 3.9 (18,452) / 2021 – 4.0 (1,522)
- Ⓐ 탄산이 강하게 느껴진다.
- Ⓑ 드라이한 느낌이 강하다. 단독으로 마셔도, 식사에 곁들여도 무난할 것 같다.
- Ⓒ 앞서 마신 빌라 안티노리 비앙코와 포미노 비앙코는 인상이 강했는데 이 와인은 부담이 덜하다. 마시기 편하고 부드럽다.
- Ⓓ 저 멀리서 꽃내음이 느껴진다. 포미노 비앙코가 생선 요리와 어울린다면 이 와인은 칼라마리 샐러드에 곁들이면 좋겠다. 떫은맛은 덜하고 싱그럽다. ★

프레스코발디(레몰레), 로소 토스카나 Frescobaldi(Rèmole), Rosso Toscana IGT 2020

www.frescobaldi.com, 750ml, 12.5%, 6.19€

프레스코발디가 피렌체 동쪽의 시에치(Sieci) 지역에서 재배한 포도로 만든 레드 와인이다. 시에치는 피렌체 도심을 가로지르는 아르노강을 끼고 있는 근교로 여기서 700년 넘게 프레스코발디 가문이 별장으로 이용해온 곳이 레몰레이다. 이 별장 이름을 딴 레드, 로제, 화이트 와인 등이 있는데 그중 레드 와인은 산조베제 품종에 카베르네 소비뇽을 일부 블렌드했다. 산미가 높은 산조베제 특성상 레몰레 로소는 신맛이 강하고 드라이하며 맛이 복잡하지 않아 풍미가 강한 육류 요리와 특히 잘 어울린다.

- Ⓥ 3.6 (40,270) / 2020 – 3.8 (3,637)
- Ⓐ 맛에 비해 향이 좋다. 전형적인 포도 주스 향이 난다.
- Ⓑ 특별히 할 말이 없다. 특색이 없다…
- Ⓒ 맛이 없는 게 아니라 느껴지지 않는다고 해야 하나, 무미에 가깝다.
- Ⓓ 첫 느낌은 밍밍한데 끝이 몹시 떫다.

산타 크리스티나, 로소 토스카나 Santa Cristina, Rosso Toscana IGT 2020

www.santacristina.wine, 750ml, 13.5%, 6.79€

안티노리 그룹에 속한 와이너리 산타 크리스티나의 레드 와인으로 피렌체와 페루자 사이 코르토나 지역에서 재배한 포도를 기반으로 한다. 한때 이탈리아에서 가장 많이 팔리는 와인이라는 수식어가 붙을 정도로 저녁 식사에 가볍게 곁들이기 좋은 테이블 와인이다. 토착 품종인 산조베제에 카베르네 소비뇽, 메를로, 시라 등 국제 품종을 블렌드하여 만들고 체리, 자두, 블루베리 등 붉은 과실의 향이 난다. 떫은맛이 별로 없고 부드러워 대중적인 와인이다.

- Ⓥ 3.6 (63,103) / 2020 – 3.6 (2,445)
- Ⓐ 향은 앞의 와인보다 덜한데 바디감이 좀 더 있다.
- Ⓑ 산미가 좀 더 있다. 레몰레와 큰 차이는 없다.
- Ⓒ (큰일이다. 차이를 잘 모르겠다.)
- Ⓓ 앞의 와인과 비교하자면, 처음부터 끝까지 맛이 균일하다. 둘 다 맛은 없다.

반피(카스텔로 반피), 브루넬로 디 몬탈치노 Banfi(Castello Banfi), Brunello di Montalcino DOCG 2016

www.banfi.it, 750ml, 14%, 29.90€

반피는 이탈리아계 미국인 형제가 설립한 회사로 이 와인이 그들의 대표 제품이다. 브루넬로 디 몬탈치노는 피렌체 남쪽 내륙의 몬탈치노에서 브루넬로만 사용하여 만든 단일 품종 와인을 뜻한다. 브루넬로는 사실 산조베제로, 덥고 건조한 날씨의 몬탈치노 환경에 맞춰 진화하여 포도향이 짙고 완숙하며 타닌 함량 또한 높다. 브루넬로 디 몬탈치노라 부르려면 몬탈치노에서 재배한 산조베제만 100% 사용하고 오크통에서 최소 2년, 병입 후 최소 4개월 이상 숙성한 와인이어야 한다. 뛰어난 풍미로 이탈리아 3대 레드 와인 중 하나로 손꼽힌다. 반피의 이 와인은 베리류, 바닐라 그리고 스모키한 느낌 등 복합적인 향을 자랑한다.

- **V** 4.2 (76,035) / 2016 - 4.2 (3,835)
- **A** 맛있다. 타닌이 강하게 느껴지고 점도도 높은 느낌. 맛이 꽉 차 있는 와인이다. 평소 취향이 아님에도 퀄리티가 좋아 기억에 남는다. ★
- **B** 바디감은 덜한데 향이 좋고 상큼하다. 앞서 마신 와인에 비하면 맛이 차 있다. ★
- **C** 타닌의 찌릿함이 나에게는 조금 부담스럽긴 하지만 스테이크랑 먹으면 맛있을 것 같다. 시간이 지나도 똑같이 맛이 있다.
- **D** 확실히 개성이 있다. 떫긴 한데 재스민향이 느껴지고 숲속을 걷는 듯한 싱그러움도 있다.

테누테 델 체로, 로소 디 몬테풀치아노 Tenute del Cerro, Rosso di Montepulciano DOC 2021

www.tenutedelcerro.it, 750ml, 13.5%, 12.00€

몬테풀치아노는 몬탈치노에서 동쪽으로 30km 정도 떨어진 지역으로 이곳의 대표 와인은 비노 노빌레 디 몬테풀치아노(Vino Nobile di Montepulciano)다. 몬테풀치아노에서 재배한 산조베제를 최소 70% 이상 사용하여 만든 레드 와인으로, 카나이올로나 마몰로 같은 이탈리아 토착 품종을 일부 블렌드할 수 있고 오크통에서의 1년을 포함해 최소 2년 이상 숙성해야 한다. 비노 노빌레 디 몬테풀치아노가 브루넬로 디 몬탈치노보다 한 단계 아래 와인이라는 인식이 있었으나 요즘 여러 와이너리가 몬테풀치아노에서 와인을 만들면서 다시금 주목받고 있다. 로소 디 몬테풀치아노는 비노 노빌레 디 몬테풀치아노의 캐주얼한 버전으로 오크통에서 1년만 숙성한 것이다. 이 와인은 체리와 산딸기의 신선한 과일향이 특징으로, 구운 육류와 잘 어울린다.

- **V** 3.5 (2,233) / 2021 - 3.6 (84)
- **A** 과실향에 산미도 있고 타닌도 느껴지는데 전체적으로 조화롭지 않다. 균형이 맞지 않는 느낌.
- **B** 찝찌름하다. 잡스러운 맛이다.
- **C** 알코올향이 강해서 와인보다 증류주를 마시는 느낌이다. 소고기에 곁들이면 괜찮을지도 모르겠다.
- **D** 허브향이 강하게 느껴지지만 상쾌한 느낌은 아니다. 불협화음을 듣는 기분이다.

체키(라 모라), 모렐리노 디 스칸사노 Cecchi(La Mora), Morellino di Scansano DOCG 2021

www.cecchi.net, 750ml, 13.5%, 6.67€

체키는 1893년 시작한 와이너리로 이들이 마렘마 지역에서 생산하는 와인 브랜드 라인이 라 모라다. 토스카나의 해안지역을 일컫는 마렘마에 포도 재배지를 둔 와이너리가 이미 여럿이고 그중 특히 스칸사노 마을이 유명한데 여기서는 산조베제 품종을 모렐리노라고 부른다. 브루넬로와 마찬가지로 산조베제의 또 다른 이름인 셈이다. 즉, 모렐리노 디 스칸사노는 스칸사노에서 재배한 산조베제를 85% 이상 사용하여 만든 레드 와인이다. 같은 토스카나산 산조베제 와인이라도 모렐리노 디 스칸사노는 토스카나 북쪽의 와인보다 신맛이 적고 맛이 둥글다. 바다의 영향으로 온화한 기후에서 자란 포도의 특성 덕분이다. 떫지 않고 상큼한 느낌이라 레드 와인이지만 덥고 습한 여름에도 잘 어울린다.

- Ⓥ 3.4 (16,347) / 2021 – 3.7 (545)
- Ⓐ 기분 좋은 포도향이 난다. 적당한 산미도 좋다.
- Ⓑ 산뜻하니 좋다.
- Ⓒ 새콤하니 부드럽고 맛있다.
- Ⓓ 가성비를 따지자면 확실히 훌륭하다. 모든 것이 적절한 느낌.

암브로조 에 조반니 폴로나리(테누타 디 노촐레), 키안티 클라시코 Ambrogio e Giovanni Folonari(Tenuta di Nozzole), Chianti Classico DOCG 2019

www.tenutefolonari.com, 750ml, 14%, 13.90€

폴로나리 부자가 운영하는 와이너리로 회사는 다소 늦은 시기인 2000년에 설립했지만, 이 가문은 18세기부터 포도밭을 소유하고 와인을 유통하였다. 테누타 디 노촐레는 이들이 1971년에 매입한 포도밭으로 키안티 클라시코 산지에 속한다. 키안티 클라시코는 토스카나 지역 내에서도 지정된 산지에서 재배한 산조베제 포도를 80% 이상 사용하여 만든 레드 와인으로 포도 재배나 품종 블렌드, 와인 생산에 대한 기준이 매우 엄격하고 까다로워 이 이름을 받기 쉽지 않다. 테누타 디 노촐레의 키안티 클라시코는 산조베제 100% 와인으로 선명한 붉은색에 산미가 높고 씁쓸한 맛이 특징이다.

- Ⓥ 3.8 (6,537) / 2019 – 3.8 (512)
- Ⓐ 색깔이 영롱해서 눈길이 간다. 맛이 어느 정도 채워진, 기본적인 레드 와인 느낌.
- Ⓑ 바디감은 없는데 신기하게 와인 같다는 느낌이 든다. 맛있다.
- Ⓒ 흙내음이 있어서 약간 꺼려졌는데 맛은 괜찮다. 가볍게 맛있는 느낌.
- Ⓓ 타바코향이 나고 약간 떫긴 하지만 싱그러운 느낌이다. 레몬 등을 넣고 차가운 상그리아로 만들어 마셔도 좋겠다.

안티노리(페폴리), 키안티 클라시코 Antinori(Pèppoli), Chianti Classico DOCG 2020

www.antinori.it, 750ml, 13.5%, 15.53€

안티노리는 키안티 클라시코 지역에 세 개의 포도 재배지를 가지고 있는데, 그중 페폴리는 안티노리 가문이 와인 사업을 시작한 지 600년이 되던 1985년에 이를 기념하며 매입한 지역이다. 페폴리에서 와인은 현재 페폴리 키안티 클라시코 한 종류만 생산하지만, 포도밭만큼이나 올리브 재배 지역이 상당히 넓고 페폴리 올리브오일도 유명하다. 페폴리 키안티 클라시코는 산조베제 90%에 다른 품종 10%를 블렌드하였고 다른 키안티 클라시코 와인에 비해 맛이 부드러워 편하게 마시기 좋다.

- V 3.8 (52,922) / 2020 - 4.0 (2,427)
- A 바디감은 덜한데 명랑하고 산뜻하여 마음에 든다. 다른 맛을 받쳐주는 적당한 산미가 좋다.
- B 산미가 있고 안정된 맛이다.
- C 기분 좋은 단맛이 있고 여운이 있다. ★
- D 톡톡 튀는 가벼운 느낌이 좋다. 특색이 분명한데 기분 좋은 인상이다. ★

반피, 키안티 Banfi, Chianti DOCG 2020

www.banfi.it, 750ml, 13%, 6.08€

반피의 키안티 와인으로 키안티 클라시코는 아니다. 키안티와 키안티 클라시코를 헷갈리는 경우가 많은데 둘 다 해당 지역에서 재배한 산조베제 품종을 기반으로 하는 레드 와인이지만, 구체적인 재배지나 최소 숙성 기간, 품종 블렌드의 자유도 등이 다르며 키안티 클라시코의 기준이 훨씬 엄격하다. 하지만 키안티 클라시코만 무조건 좋은 와인인 것은 아니고 키안티 와인 중에도 가성비가 훌륭한 양질의 와인이 많다. 반피의 키안티 와인은 산도가 높고 체리향과 스파이시한 뒷맛이 인상적이다.

- V 3.4 (10,313) / 2020 - 3.7 (447)
- A 떫은맛밖에 느껴지지 않는다. 떫은맛으로 뒤덮여 다른 맛이 가려져 있다.
- B 그래도 산미가 있긴 하다.
- C 향은 달달하고 빛깔은 다홍빛이라 물 탄 포도 주스 맛을 예상했는데 떫기만 하다.
- D 떫어서인지 무거운 느낌이다. 다른 와인은 처음엔 시다가 마지막만 떫거나 떫으면서 달거나 했는데 이 와인은 처음부터 끝까지 떫은맛 위주다.

파토리아 디 페트로냐노

Via di Botinaccio, 116,
50056 Montelupo
Fiorentino

www.petrognano.it

Fattoria di Petrognano

전체 와인 생산량을 따졌을 때 이탈리아 내에서 토스카나는 8위 정도에 그치지만 높은 등급의 DOC, DOCG 와인 상당수가 이곳에서 만들어지므로 베네토, 피에몬테와 더불어 토스카나를 이탈리아 와인 3대 산지 중 하나로 꼽는다. 그만큼 좋고 유명한 와이너리가 워낙 많고 일부는 예약을 통해 직접 방문해볼 수 있다. 와인 저장고인 칸티나(cantina) 또는 포도밭 투어나 와인 시음회 등 와이너리마다 특색 있는 프로그램을 제공하고 농가 민박 체험(agriturismo, 아그리투리스모)을 같이하는 곳도 있다.

우리는 그중 피렌체 남서쪽에 위치한 파토리아 디 페트로냐노(Fattoria di Petrognano)를 찾아가 보았다. 키안티의 파토리아 디 페트로냐노는 펠레그리니(Pellegrini) 가족이 운영하는 와이너리다. 18세기 후반 이탈리아 북쪽 롬바르디아에서 와인과 포도즙을 판매하던 펠레그리니 가족은 1960년대 지금의 와이너리를 인수하며 와인 생산에 뛰어들었고 최근에는 유기농 인증, 지속가능한 와인 생산 문화 구축 등 와이너리의 현대화에 힘쓰고 있다. 이곳의 포도밭과 양조장을 함께 둘러보자.

현재 이곳을 운영 중인 엠마누엘레 펠레그리니(Emanuele Pellegrini)를 만나 잠시 이야기를 나누고 파토리아 디 페트로냐노의 와인 4종을 함께 마셔보았다.

간단한 자기소개를 부탁합니다.
엠마누엘레 펠레그리니입니다. 몬텔루포 피오렌티노(Montelupo Fiorentino) 지역에서 대를 이어 와이너리를 운영하고 있어요. 제가 4대째고요. 와이너리 사분의 일이 포도 재배지인 만큼 와인이 주된 품목이긴 하지만 올리브오일과 꿀도 생산하고 있습니다. 이 일대가 나라에서 지정한 자연보호구역이기도 해서 야생동물의 터전이나 식물을 인위적으로 훼손 또는 변형하면 법적으로 처벌을 받거든요. 그만큼 청정한 자연환경을 유지하고 있고 와인과 올리브오일, 꿀 모두 유기농 인증을 받은 제품이에요. 여기는 키안티 클라시코 지역은 아니지만, 키안티 수페리오레(Chianti Superiore) 인증을 받았습니다.

키안티 수페리오레에 대해 조금 더 설명해주신다면요.
토스카나 내에도 와인 생산지가 다양한데요, 그중에서도 키안티 지역이 널리 잘 알려져 있죠. 키안티 내에서도 키안티와 키안티 클라시코로 지역이 나뉘어요. 키안티 클라시코 지역이 아니면 아무리 좋은 와인을 만들어도 키안티 클라시코라고 부를 수 없어요. 그래서 키안티 클라시코 지역이 아닌 곳에서 만든 좋은 와인은 키안티 수페리오레라 부르기로 한 거예요. 포도 품종의 비율, 단위 면적당 수확량, 최소 숙성 기간, 알코올 함량 등 구체적인 기준을 충족하면 키안티 수페리오레 인증을 받을 수 있어요. 키안티에 와이너리가 5천 곳 정도 되는데 그중 3천 곳이 보통 키안티 와인을 생산한다면 나머지는 키안티 수페리오레를 만들고 있어요.

좌 파토리아 디 페트로냐노 와인과 라벨 속 건물
우 엠마누엘레 펠레그리니(Emanuele Pellegrini)

키안티 와인의 경우 산조베제 품종을 일정 비율 이상 사용해야 한다던데 여기서는 어떤 포도를 재배하고 계신가요?
90%가 산조베제고 카나이올로와 트레비아노도 일부 재배하고 있어요. 모두 전형적인 토스카나 품종의 포도고요. 산조베제와 카나이올로로 레드 와인을 만들고 트레비아노는 백포도로 화이트 와인을 만드는 데 쓰여요. 여러 포도 품종을 블렌드하여 와인을 만드는 와이너리가 대부분인데 저희는 같은 품종 안에서 어린 밭과 나이 든 밭의 포도를 섞어서 만들고 있어요.

포도나무의 나이에 따라서 와인 맛이 달라지나요?
그렇죠. 포도를 수확하기까지 3년 정도 걸려요. 첫해에 나무를 심으면 이듬해에 나무가 자라긴 해도 열매를 맺지는 않거든요. 이때 나무를 한번 솎아줘요. 그다음 해가 되어야 포도가 열리기 시작하는데 이제 갓 열매를 맺기 시작한 어린 밭에서 난 포도는 풍미가 단순해요. 포도나무의 나이, 땅의 질, 그 해의 기후, 재배 방법에 따라서 포도의 맛이 달라져요. 풍미가 좋고 맛있는 포도를 수확하려면 나무가 15~20년은 자라야 해요. 최소 2년 이상 숙성시킨 키안티 와인을 키안티 리제르바(Chianti Riserva)라고 부를 수 있는데, 저희는 리제르바 와인을 나이 든 밭에서 난 포도로 만들고 있어요. 저희 와이너리에는 50년 넘은 밭도 있거든요.

그렇다면 나이 든 밭에서 수확한 포도로만 와인을 만들 수는 없는 건가요?
포도나무에도 수명이 있어요. 오래된 나무에서 나는 포도의 풍미가 좋긴 해도 단위 면적당 생산량이 떨어져요. 나무가 나이 들수록 포도의 질은 높아지지만, 수량은 줄어들기 때문에 밭을 갈고 나무를 새로 심는 등 지속적인 관리가 필요해요.

이곳에서 재배되는 포도는 대부분 산조베제 품종이고 야생 민트가 토양 정화를 돕는다.

**포도 재배 방식에 따라서도 맛이 달라진다고 하셨는데,
와인의 풍미를 높이기 위한 특별한 재배 방법이 있는지도 궁금해요.**

포도밭 가운데에 서서 가만히 냄새를 맡아보시겠어요? 향긋한 내음이 나죠? 저희 포도밭에 야생 민트가 자라는데 뽑지 않고 그냥 두었어요. 나이 든 포도밭에는 그만큼 오래된 야생 민트가 자라고 있죠. 향도 더 진하고요. 야생 민트는 토양을 정화시켜 포도가 더 잘 자라는 한편 향긋한 냄새를 머금을 수 있도록 도와줘요. 포도나무와 야생 민트가 서로 협력하여 더 맛있는 포도를 키우는 거예요. 화학적인 방법을 쓰지 않아도 이렇게 건강한 와인을 생산할 수 있죠. 그리고 이 지역 토양에 철분이 많아 붉은빛을 띠는데 이 또한 포도의 맛을 결정하는 데 중요한 역할을 해요.

**이 일대가 테라코타로도 유명하다고 들었어요.
철분이 풍부한 토양이라 테라코타를 만들기에도 좋은가 봐요.**

맞아요, 그리고 테라코타가 와인에도 영향을 미쳤어요. 스테인리스 탱크나 오크통에서 포도를 발효시킬 수도 있지만, 테라코타 항아리를 쓸 수도 있거든요. 6천 년 전부터 조지아에서는 크베브리(Kvevri)라는 항아리로 와인을 만들었는데 이 방식이 세계 곳곳으로 퍼져나갔고 특히 로마나 토스카나 지역에서 테라코타에 발효시키는 와인 제조법을 활용하게 되었어요. 테라코타로 유명한 임푸르네타(Impruneta) 지역이 여기 근처라 와인 생산에 이 방식도 응용하고 있어요.

테라코타, 오크통, 스테인리스, 시멘트 등 다양한 매체를 활용하여 포도를 발효하고 와인을 숙성시키는 등 새로운 방식에 도전하고 있다.

이러한 발효 방식은 처음 들어봐서 신기해요.
이외에도 와인 제조에 있어 이곳만의 방법이 있다면 더 소개해주세요.

와인을 어떻게 숙성시키는지에 따라서도 맛이 달라져요. 오크통에 와인을 숙성시키는 것이 가장 잘 알려진 방법인데 저희는 스테인리스나 시멘트 등 다양한 매체를 시도하고 있어요. 온도 조절이 편리한 스테인리스가 가장 일정한 맛을 내기는 해요. 최근에는 트레치에페(Trecieffe)라는 회사의 연구에 함께하기도 했어요. 이 회사가 원래 스테인리스 와인 숙성통을 만드는데 피렌체 대학 연구진과 더불어 참신한 장치를 고안했거든요. 와인을 만들고 남은 찌꺼기를 한 번 더 숙성시켜 새로운 와인을 만드는 기계예요. 그걸로 만들어보니 색상이 훨씬 선명하고 과일향도 더 강한 와인이 나오더라고요. 계속해서 연구해보고 있어요.

오래된 와이너리지만 새로운 시도도 주저하지 않으시는 것 같아요.

전통을 이으면서 현재 상황에 알맞게 현대화하는 것이 저의 역할이라고 생각해요. 양조학자인 아내 모니카 로세티(Monica Rossetti, www.rossettienologia.com)와 새로운 방식을 매번 실험하고 있어요. 와인 생산이나 품질은 아내가 주로 담당하고 저는 상업적인 측면을 고민하는 편이에요. 창의적인 아이디어에 새로운 기술이나 다양한 마케팅 방식을 더해서 더 나은 와인을 만들어 나가려고 해요.

좌 와인을 병입하는 기계까지 갖춘 와이너리는 드물지만, 여기서는 마지막 단계까지 직접 처리한다.
우 최근 와인 마개도 재활용이 쉬운 사탕수수 재질로 바꾸는 등 지속가능한 와인 제조 방식에 관심을 두고 있다.

반대로 꼭 지키려고 하는 이곳의 전통이 있다면 어떤 부분일까요?
와인병의 형태나 상징, 산조베제로 와인을 만드는 전통은 바꾸지 않았어요. 와인 라벨에 여기 건물을 그려 넣기도 했고요. 이전의 디자인을 유지하면서 역사성을 드러내고 전통을 계승하고 싶었어요. 저희 대표 와인이 '메메(Meme)'인데 할아버지 이름을 딴 거예요. 할아버지 이름도 저와 같은 엠마누엘레였는데요, 제가 어렸을 때 할아버지 이름을 부르기 어려워해서 애칭처럼 '메메'라고 불렀거든요. 그때의 추억을 기억하며 와인 이름을 붙였어요. 가족을 서로 연결하는 이름이기도 하고 할아버지에게서 제게로 와이너리의 세대가 넘어온 것을 상징하기도 해요. 이처럼 가족의 역사는 이어 나가면서, 어떻게 하면 와인을 일상에서 보다 편하게 즐길 수 있을지 이 부분을 계속 연구하며 발전시키고 싶은 거죠.

가업으로 시작한 일이라 와이너리를 물려받고 싶지 않거나 부담이 되었던 적은 없었나요?
저는 와이너리 가족의 일원으로 태어났다는 사실이 오히려 행운이라고 생각해요. 와인을 매개로 다른 사람들과 즐기면서 일할 수 있잖아요. 일하는 사람, 시음하러 오는 사람 등 항상 새로운 사람들을 만날 수 있어서 즐거워요.

그럼 와인을 더욱 즐겁게 마실 수 있는 나만의 방법이 있다면 알려주세요.
어떤 음식에 마시느냐에 따라서도 다르겠지만, 누구와 어떤 상황에서 즐기느냐에 따라 와인 맛은 달라질 수 있어요. 좋은 사람과 즐거운 상황에서 마시면 다 좋은 와인이 되죠. 와인을 땄을 때 자연스럽게 미소 지어진다면 특히 좋은 와인이라고 생각하는데 저한테는 산조베제 품종의 키안티 와인이 그러한 와인이에요. 키안티 와인은 섬세하기보다 대담하고 강하며 거친 느낌이라 토스카나 음식 중 소의 내장으로 만든 람프레도토나 트리파 요리에 특히 잘 어울려요. 이탈리아 다른 지역에서는 내장 요리를 즐기지 않아도 토스카나에서는 잘 먹거든요. 내장 요리와 키안티 레드 와인, 저는 이 조합을 제일 좋아해요.

마지막으로, 토스카나 와인의 특징은 무엇이라고 생각하시나요?
굉장히 어렵고 난감한 질문이네요. 같은 품종의 포도라도 프랑스 또는 이탈리아 아니면 이탈리아에서도 어느 지역에 심느냐에 따라 맛이 달라져요. 땅과 지역의 공기, 작업 방식, 키우는 사람에 의해 맛이 결정된다고 생각해요. 이탈리아는 작은 나라지만, 통합되기 전에는 각기 독자적인 도시국가였기에 지역마다 사는 모습, 즐겨 먹는 음식, 언어나 문화 등 전부 다 달라요. 이 부분이 이탈리아의 큰 장점이기도 하고요. 지역의 와인 맛도 서로 다르고 그에 대한 선호나 평가가 제각각이라 특징을 정의하는 것은 특히나 조심스러워요. 굳이 꼽아본다면 토스카나 와인은 쉽게 접근하기 좋아요. 좋은 와인을 만들 수 있는 환경을 갖추고 있어 이곳의 와인은 맛이 대체로 조화롭고 어떤 음식과도 잘 어울리는 편이에요. 힘을 주고 마시는 와인이라기보다 누구나 쉽게 일상적으로 마실 수 있는 편안함이 토스카나 와인의 큰 장점이 아닐까 생각합니다.

트레비아노 토스카나
Trebbiano Toscana IGT 2021
100% 트레비아노 품종의 화이트 와인으로 이곳에서는 어린 밭과 나이 든 밭의 포도를 적절히 섞어 스테인리스에 숙성하여 만들었다. 조화로운 산미가 입맛을 돋워 식전주로 또는 전채에 가볍게 곁들이기 좋다. 쥬시하고 깔끔한 느낌.

오르치 토스카나
Orci Toscana IGT 2015
나이 든 포도밭에서 수확한 트레비아노 포도를 테라코타 항아리에 3개월간 침용(macerazione)한 후 만들었기에 이탈리아어로 항아리를 뜻하는 '오르치'라 이름 붙였다. 화이트 와인은 제조 과정에서 포도 껍질과 씨를 통째로 물에 담그는 침용 과정을 보통 거치지 않는데 백포도를 침용하면 호박빛의 와인이 완성된다. 보통 이런 종류의 와인을 그 색깔 때문에 오렌지 와인이라 부르기도 한다. 이때 1,300병만 만든 특별한 와인으로 화이트 와인임에도 바디감이 좋고 특색이 강하다.

좌 트레비아노 토스카나(Trebbiano Toscana IGT 2021)
우 오르치 토스카나(Orci Toscana IGT 2015)

메메 키안티 수페리오레

Meme Chianti Superiore DOCG 2019

100% 산조베제 품종의 레드 와인으로 일부 기간 시멘트통에서 숙성하여 완성했다. 바디감이 적당하고 포도향이 굉장히 강하다. 떫은맛, 산미, 바디감 등 맛의 조화가 상당히 좋은데 활기찬 인상이 강하다.

메메 키안티 리제르바

Meme Chianti Riserva DOCG 2017

나이 든 포도밭의 산조베제 95%에 카나이올로 5%를 블렌드하였다. 포도의 깊은 맛을 끌어내기 위해 오랜 시간 침용하고 숙성 기간도 상대적으로 더 길다. 이 와인은 국제 와인 대회인 콩쿠르 몽디알 드 브뤼셀(Concours Mondial de Bruxelles)에서 2022년 금메달을 수상한 바 있다. 수페리오레와 비교하면 맛이 부드럽고 은은하여 우아한 느낌이다.

좌 메메 키안티 수페리오레(Meme Chianti Superiore DOCG 2019)
우 메메 키안티 리제르바(Meme Chianti Riserva DOCG 2017)

와인 창문
Buchette del Vino

피렌체 건물을 유심히 들여다보면 간혹 정체를 알 수 없는 작은 창문의 흔적을 발견할 수 있다. 이는 와인 창문으로 지금은 본래의 용도로 사용하는 경우가 별로 없지만, 원래는 와인을 판매하는 창구였다. 16세기 코시모 1세가 경제 상황을 안정시키고자 중개자 없이 집에서 직접 와인 팔 수 있도록 허용했고 집안으로 여러 사람을 들이기 곤란했던 판매자들은 창문을 통해 와인을 팔았다. 17세기 흑사병을 비롯하여 각종 전염병이 창궐하자 와인 창문의 수는 늘어났다. 당시 사람들에게 와인은 필수품에 가까웠는데 위생상 또 종교적 이유로 물보다 와인이 더 안전하다고 생각했기 때문이다. 20세기 접어들어 건물 구조가 변화하고 알코올 유통을 규제하면서 와인 창문은 벽돌로 뒤덮이거나 초인종, 우편함 등으로 모습을 바꾸었다. 이렇게 와인 창문이 사라지는가 싶었는데 뜻밖에도 코로나19 때 다시금 등장했다. 비대면 판매 방식을 고민하던 식당들이 와인 창문을 복원하여 커피나 아이스크림, 파스타 등을 팔기 시작한 것이다. 또한, 와인 창문을 피렌체의 문화유산으로 간주하고 이를 기록 및 발굴하려는 협회가 2015년에 창립되어 오늘날 와인 창문을 보존하고 알리는 다양한 활동을 펼치고 있다.

DAL PRIMO NOVEMBRE A TUTTO APRILE
DAL PRIMO MAGGIO A TUTT OTTOBRE

VINO
BUCHETTA del VINO
WINE WINDOW

PATATA

BUCHETTA del VINO
WINE WINDOW

사진 ©뉴포맷

Hidden Gems

숨겨진 볼거리
Hidden Gems

지역문화를 중시하는 이탈리아에서는 어떤 도시를 가든 그곳만의 브랜드나 가게가 숨겨져 있다. 피렌체에서 놓치면 아쉬운 작은 가게들을 소개한다.

쿼르촐리 에 루케리니

Via Porta Rossa, 45R,
50123 Firenze
@quercioli_lucherini

월 15:00~19:00, 화~토
09:00~13:00/15:00~19:00
(일요일 휴무)

Quercioli & Lucherini

주로 이탈리아산 양질의 속옷, 잠옷, 양말, 손수건 등을 판매하는 잡화점으로 피렌체 현지인들이 정말 사랑하는 곳이다. 1895년 마르키온니(Marchionni) 가족이 문을 열었고 1920년경에 쿼르촐리와 루케리니 씨가 가게를 양도받았는데 이들은 제2차 세계대전 때도 장사를 멈추지 않고 가게 창고를 피난처로 제공하기도 했다.

이후 여기서 점원으로 일하던 조반니 고졸리(Giovanni Goggioli)가 가게를 물려받아 이제 그들 가족이 운영하나 상호는 이전 그대로 유지하고 있다. 1966년 홍수로 피렌체가 참혹한 수해를 입었을 때 굴하지 않고 며칠 지나지 않아 가게 문을 다시 열었을 정도로 이 도시의 희로애락을 함께한 유서 깊은 상점이다. 2006년 지금의 위치로 이전하여 영업을 이어가고 있다.

매장이 그리 크지 않음에도 그토록 많은 물건을 어떻게 일목요연하게 정리했는지 경이로울 정도고 원하는 물건도 어디선가 척척 찾아준다. 색색의 양말이 특히 너무 예쁘고 품질도 좋으니 나를 위한 기념품으로 양말 쇼핑에 나서보는 건 어떨까. 피렌체 도심에 숨겨진 명소로 오가며 들르기에도 참 좋은 위치에 있다.

라 칸티나 피렌체

Viale Giovanni Verga, 34,
50137 Firenze
www.lacantina-firenze.it

월~토
09:00~13:00/16:00~20:00
(일요일 휴무)

LA CANTINA Firenze - ENOTECA Coverciano

이탈리아 와인 문화를 살펴볼 때 스푸조 와인(Vino Sfuso, 벌크와인)이 빠질 수 없다. 와인 가게에서 와인이 담긴 큰 통을 종종 발견할 수 있는데 이러한 와인을 스푸조 와인이라 통칭하며 소비자는 자신의 병을 들고 가서 양에 따라 값을 지불하고 이 와인을 살 수 있다. 한국의 오래된 시장에 가면 간혹 도매상에게 막걸리를 주전자로 사 마실 수 있는 것과 유사하다.

스푸조 와인은 와인 생산자로부터 와인을 직접 구매하던 와인 창문(buchette del vino, 198쪽 참고) 시절에 생겨났다. 20세기에 품질이 의심된다는 이유로 잠시 사라졌다가 2003년 부활했다. 이탈리아 규정상 스푸조 와인에는 등급을 따로 붙일 수 없어 품질이 좋지 않다는 선입견이 한동안 있었으나 새로운 세대의 와이너리들이 양질의 스푸조 와인을 생산하면서 인기를 얻기 시작했다. 인터넷 지도에 'Vini Sfusi' 또는 다양한 와인을 시음해보고 살 수 있는 가게를 뜻하는 에노테카(enoteca)를 검색하면 스푸조 와인을 취급하는 상점을 찾을 수 있다.

그중 마리코(74쪽 참고)의 소개로 와인 가게 '라 칸티나 피렌체'를 찾았다. 칸티나는 와인 저장고를 뜻하는데 정직한 상호에서부터 신뢰감이 간다. 스푸조 와인, 병와인과 그라파(grappa) 그리고 올리브, 말린 토마토 같은 간단한 식품도 함께 판매한다. 이곳을 운영하는 로렌초 스클라베라노(Lorenzo Sclaverano)와 에리크 비시오니(Erik Biscioni)에게 짧은 대화를 청해보았다.

피렌체에 오기 전에는 현지인분들께 슈퍼마켓에서 쉽게 살 수 있는 와인을 추천받으려고 했어요. 그런데 막상 여기 와보니 다들 동네 와인 가게에서 와인을 사시더라고요.
이러한 형태의 와인 가게는 아마 이탈리아 특유의 문화 덕분이 아닐까 싶어요. 이탈리아 사람에게 와인은 특별한 음료가 아니라 빵이나 물처럼 집에 항상 구비해두어야 하는 필수품에 가까워요. 아침부터 한 잔씩 마시는 사람들도 있고 아침, 점심, 저녁 가리지 않고 늘 마시므로 스푸조 와인 문화가 남아있는 것 같아요. 이탈리아 주택가에 빵 가게와 와인 가게 하나쯤은 꼭 있어요.

어떠한 기준으로 판매할 와인을 고르시는지 궁금해요.
저희는 토스카나 지역 와인만 판매하고 있어요. 전부 직접 마셔보고 골라요. 저희 입맛에 맞지 않으면 고객의 입에도 맞지 않을 거라고 생각하니까요. 특히 피렌체 사람들은 다른 지역 와인은 별로 마시지 않고 토스카나 와인만 마시거든요. (웃음)

스푸조 와인 통에 붙인 이름들은 직접 지으신 건가요?
저희는 와이너리에서 직접 조달받는 거라 대부분 상품명이 따로 없어요. 그래서 포도 품종이나 맛, 향 등 특징에 따라 저희가 지어주고 있어요. 시라 품종으로 만든 와인은 시라(Syrah), 오크통의 향이 강한 와인은 바리코(Barricco)라고 불러요. 사이프러스 나무향이 나는 와인은 이탈리아어로 사이프러스를 뜻하는 치프레소(Cipresso)라고 이름 붙였고요.

안토니오 마테이

프라토 본점
Via Bettino Ricasoli, 20/22, 59100 Prato
화~금 08:30~19:00
토 08:30~13:00/15:30~19:00
일 08:30~13:00 (월요일 휴무)

피렌체 지점
Via Porta Rossa, 76R, 50123 Firenze
화~일 11:00~19:00 (월요일 휴무)
www.antoniomattei.it

Antonio Mattei

토스카나 지역에서 흔히 칸투치라 부르는 비스킷의 원형을 이곳에서 처음 만든 것으로 알려져 있다. 빵과 과자를 만들던 프라토의 제빵사 안토니오 마테이가 1858년 이 비스킷을 만들었고 1861년 피렌체에서 열린 이탈리아 전국 박람회를 시작으로 이후 여러 만국박람회에 출품하면서 널리 유명해졌다. 토스카나에서는 다들 편의상 이 비스킷을 칸투치라 부르지만, 안토니오 마테이에서는 그 유래를 되새기며 '비스코티 디 프라토(biscotti di Prato, 프라토의 비스킷)'라 칭한다. 20세기 초반 공장과 가게를 인수한 판돌피니(Pandolfini) 가족이 오늘날까지 경영하고 있다.

오늘날 안토니오 마테이는 아이스크림이 더해진 칸투치, 초콜릿 칸투치를 만들거나 구찌 오스테리아와 합작으로 특별판 칸투치를 내놓는 등 본래의 전통을 지키면서 계속해서 새로운 시도를 하고 있다. 와이너리 안티노리와 협업하여 칸투치의 짝꿍인 빈산토를 같이 판매하거나 이를 글레이즈드한 칸투치를 고안하기도 했다. 여전히 프라토에 공장과 본점이 있고 피렌체에 지점을 냈는데 피렌체 지점 2층은 안토니오 마테이의 역사를 간략하게 살펴볼 수 있도록 작은 박물관으로 꾸며놓았다.

75

DIPLOMA
DIPLOMA
ANTONIO MATTEI

가족들과 안토니오 마테이를 함께 운영 중인 엘리사베타 판돌피니(Elisabetta Pandolfini)를 만나 짧게 이야기 나누어보았다.

안토니오 마테이에 대해 간단히 소개해주세요.
1858년 프라토의 마테이 가족이 운영하던 작은 공장에서 시작되었어요. 칸투치니를 처음 만든 곳이죠. 20세기 초 이곳 직원이었던 저의 증조할아버지가 인수하면서 지금까지 판돌피니 가족이 운영하고 있어요.

칸투치를 만드는 브랜드가 워낙 다양한데 그중 안토니오 마테이만의 특징이 있다면요?
칸투치의 원래 이름은 '비스코티 디 프라토'예요. 프라토의 비스킷이라는 뜻이죠. 칸두치 또는 칸투치니는 별명처럼 나중에 붙은 거예요. 브랜드의 가장 큰 특징이라면 사보이 블루 색상의 패키지가 아닐까 싶어요. 1880년대부터 지금까지 이 색상을 고집해서 포장재에 사용하고 있거든요. 이탈리아 축구 국가대표팀을 '아추리(Azzurri, 파랑)'라는 별명으로 부르는데요. (이탈리아 축구 국가대표팀의 유니폼이 파란색이다.) 사보이 블루가 이탈리아의 상징 중 하나라고 생각해서 선택했고 저희에게 아주 중요한 부분이에요. 그리고 꼭 수작업으로 포장하면서 프라토의 실로 마무리해요. 프라토는 섬유 산업으로 굉장히 유명한 곳이고 이제는 그것이 도시 문화의 일부이기도 해요. 저희는 지역의 전통을 자랑스럽게 생각하고 지역성을 담으려고 노력하고 있어요.

비스코티 디 프라토를 더욱 맛있게 즐기는 방법을 추천해주세요.
디저트용 와인인 빈산토에 담가서 부드럽게 만들어 먹는 것이 가장 널리 알려진 방법이죠. 비스코티 디 프라토가 굉장히 바삭하니까 이걸 부숴서 케이크나 티라미수의 베이스로 사용할 수도 있어요. 젤라토나 커피, 차에 곁들여 먹어도 맛있고요. 빈산토 외에 다른 음료와 함께 먹는 것이 전통적인 문화는 아니지만, 국제적으로 유명해지면서 즐기는 방법도 다양해졌어요. 각자 자신만의 방법을 찾아보는 것도 좋을 것 같아요.

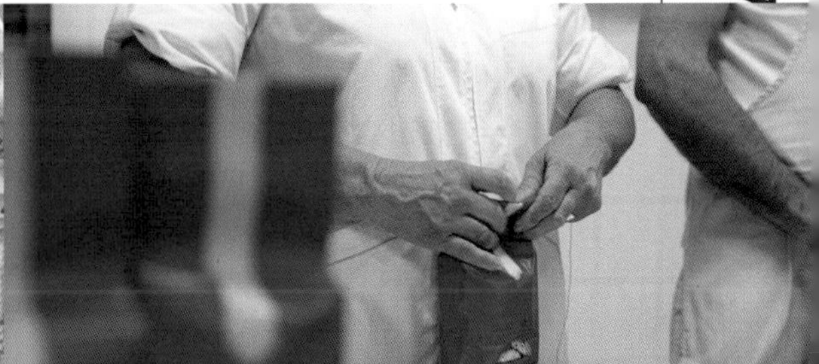

ANTONIO MATTEI
ANTONIO MATTEI
Prato
ANTONIO MATTEI

30
DR 941FB

Finding Iced Coffee in Italy

이탈리아 바에서 그간 1유로로 유지해온 에스프레소 가격을 대부분 1.1유로로 올리자 이탈리아 국민들은 분노를 금치 못했다. 그만큼 이들에게 커피는 일상의 중요한 부분이다. 동네 골목마다 바르가 있고 어느 바르에 가든 에스프레소부터 에스프레소 콘 판나, 에스프레소 마키아토, 카푸치노, 카페 모카 등 적어도 10개 이상의 메뉴가 있다. 그런데 그중 아이스 커피가 있는 경우는 매우 드물다. 커피란 본래 뜨거운 음료이고 전통과 관습을 중시하는 이탈리아 사람들에게 차가운 커피는 받아들이기 어려운 존재이기 때문이다. 하지만 한국인에게 생명수와도 같은 차가운 커피를 이대로 포기할 수는 없다. 이탈리아에서 차가운 커피를 마시고 싶을 때, 어떻게 찾으면 좋을까?

❶

무턱대고 아이스 커피를 주문하자 에스프레소에 얼음 하나를 넣어 주었다. 휴, 실패.

❷

차가운 커피를 마실 수 있는 안전한 방법 중 하나는 사케라토를 주문하는 것이다. 셰이커에 얼음과 에스프레소 그리고 설탕 또는 시럽을 넣고 흔들어 만드는 음료로 한국의 아이스 아메리카노만큼 시원하지는 않지만 적어도 뜨거운 커피를 피할 수는 있다.

3

차가운 커피를 마시는 또 다른 방법은 콜드 브루 메뉴를 찾는 것이다. 콜드 브루 메뉴가 보통 없다는 것이 문제라면 문제지만. 대표 메뉴라 하여 주문했더니 카다몬과 향신료를 섞은 콜드 브루 커피가 나왔다. (맛이 참 독특했다.) 보통의 아이스 커피가 이탈리아에서는 절대 흔하지 않다, 아휴.

4

메뉴에 그림이 있다면 그걸 보고 주문하는 것도 현명한 선택이다. 알고 보니 콜드 브루에 귀리 우유, 메이플 시럽, 강황 가루와 얼음을 섞은 음료였다.

5

이탈리아에서 한국과 같은 아이스 아메리카노를 마시려면 결국 따로 주문하여 만들어 먹는 수밖에 없다. 에스프레소를 시킨 다음 얼음물 한 잔(un bicchiere d'acqua con ghiaccio, 운 비키에레 다콰 콘 기아초)을 부탁해보자. 그런데 이탈리아어가 어색하여 상대방이 못 알아들을 수도 있으니 인터넷 검색으로 이미지로 보여주는 것도 좋은 방법이다.

6

이렇게 궁여지책으로 차가운 커피를 주문할 수 있을지는 몰라도, 사실 이탈리아에서 커피를 즐기는 가장 좋은 방식은 결국 현지인들처럼 바르에 잠깐 서서 에스프레소를 마시는 것이다. "로마에 가면 로마법을 따르라"는 말도 있지 않은가. 시원한 음료를 원한다면 레몬 소다나 아페롤 스프리츠를 마시는 게 훨씬 나을지도!

사진 ©뉴포맷

이야기해보자
Let's Talk

6

토스카나 요리사의 삶은 어떤가요?

마르코 비나치(Marco Binazzi)
www.chianticookery.com

간단한 자기소개를 부탁합니다.

요리사 마르코 비나치입니다. 요리 학교 아피츄스(Apicius)에서 학생들도 가르치고 노르치노이기도 해요. 노르치노(norcino)는 노르차(Norcia) 지역에서 유래된 표현인데 이탈리아어로 정육업자를 뜻해요. 이곳 햄과 소시지가 유명하거든요. 요즘은 농장에서 야채를 기르고 가공육을 만드는 데 대부분 시간을 보내고 있어요. 작물이 어떻게 자라고 음식이 어떻게 시작되어 식탁에 오르는지 지켜보는 일을 좋아해요.

요리사가 되기로 결심한 특별한 계기가 있었는지 궁금해요.

가족의 영향을 크게 받은 것 같아요. 다들 "음식은 중요한 것"이라고 생각하고 실제로 요리를 잘해요. 이탈리아에서는 14살 때부터 직업학교로 진학할 수 있거든요. 저는 요리 학교를 선택했어요. 입학했을 때 한 반에 28명 정도 있었는데 졸업할 때 되니까 3명밖에 안 남았더라고요. 사실 14살은 무언가 결정하기에 너무 어린 나이죠. 다행히 저는 제가 좋아하는 걸 잘 선택한 셈이고요. 이후에 여러 식당에서 일하며 요리사가 되었고 학생들도 가르치며 지금은 제 식당과 농장을 운영하고 있어요.

피렌체에서 나고 자랐나요?

그렇죠. 저는 피에솔레에서 태어났어요. 아버지는 피렌체분인데 어머니는 시칠리아 출신이에요. 그래서 제 요리 배경의 반은 토스카나, 나머지 반은 시칠리아에 있다고 할 수 있어요.

시칠리아의 음식 문화 또한 전 세계적으로 유명해요.

맞아요. 시칠리아에는 그곳만의 특별함이 있어요. 강렬한 태양으로 정말 좋은 농작물이 자라죠. 토마토만 보더라도 세계 어느 지역과도 다른 토마토가 있어요. 특별하고 놀라워요. 한국의 제주도와 비슷한 것 같아요. 제주도 농산물에는 그곳만의 특별함이 깃들어 있잖아요. 시칠리아도 비슷해요.

이탈리아 도시들은 정말 지역색이 강한 것 같아요. 시칠리아와 토스카나 음식은 어떻게 다른가요?

시칠리아는 유럽을 비롯해 아시아, 북아프리카 등 매우 다양한 문화의 영향을 받았어요. 여러 문화가 혼합되어 시칠리아만의 독특한 음식 문화가 만들어졌죠. 재료나 음식을 만드는 기술 등 전반에 걸쳐서요. 그래서 시칠리아의 요리가 정말 흥미로워요. 한편 토스카나는 재료 본연의 맛을 살리는 데 집중해요. 투박하지만 풍미가 가득하죠. 빵만 봐도 맛이 꽉 차 있어요. 사실 빵은 토스카나 음식 문화에서 정말 중요하거든요. 전통적으로 토스카나 빵에는 소금이 들어가지 않아요. 피렌체는 과거 피사에서 소금을 수입했는데 두 도시 사이 전쟁이 일어나자 피사가 소금을 비싼 가격에 팔기 시작했어요. 피렌체 사람들은 그럼 소금을 사지 않겠다고 했고 그때부터 소금 없이 빵을 만들었어요.

그럼 전통적인 토스카나 음식을 몇 가지 소개해주세요.

특히 토스카나 빵을 이용한 음식을 소개하고 싶네요. 하나는 겨울에 즐겨 먹는 리볼리타(ribollita)로 전통적인 빵 수프예요.
다른 하나는 여름철 음식인 파파 알 포모도로(pappa al pomodoro)고요.
빵이 들어간 토마토수프로 굉장히 걸쭉해서 숟가락이 아닌 포크로 먹어야 한다고 말할 정도예요. 농도가 어느 정도인지 상상이 가시죠. 두 음식을 예로 들긴 했지만 모든 음식에는 저마다 역사가 있고 전통은 우리가 최상의 결과를 얻도록 언제나 도와주죠.

각각 어떻게 만드는지 궁금해요. 리볼리타를 한국에서 만들어 볼 수 있을까요?

그럼요. 한국에서도 쉽게 만들 수 있을 거예요. 카볼로 네로(cavolo nero)라는 야채가 들어가는데 이탈리아어로 검정 양배추란 뜻이거든요. 그런데 사실 케일의 한 종류예요. 날이 추워지면 이 야채가 얼면서 맛이 좋아져요. 그래서 리볼리타를 만들기 가장 좋은 때가 바로 1월이에요. 카볼로 네로 말고 다른 케일을 써도 되고 흰 양배추, 양파, 당근, 셀러리, 시금치 등 다양한 재료를 넣어요. 올리브오일을 넉넉히 두르고 야채를 볶다가 어느 정도 익으면 으깬 토마토와 흰콩, 케일, 오래된 빵을 넣고 되직해질 때까지 끓이면 돼요. 중요한 건 좋은 올리브오일을 써야 해요. 리볼리타는 사실 '다시 끓이다(reboiled)'라는 단어에서 유래했는데 옛날 농부들이 남은 수프에 빵과 올리브오일 약간 더해서 또 끓여 먹고 다음 날 또 끓여 먹곤 했거든요. 그래서 다 먹을 때쯤에는 야채도 잘 안 보이고 크림 같은 수프가 되어요.

파파 알 포모도로는 어떻게 만드나요?

정말 간단해요. 올리브오일에 마늘과 바질, 리크를 볶다가 으깬 토마토를 넣고 끓여요. 그리고 위에 빵을 올려서 빵이 토마토 과즙을 머금을 수 있도록 해요. 리크를 넣는 건 저만의 레시피이고 저는 마지막에도 마늘과 바질을 조금 더 넣어요. 요즘은 여기에 라비올리나 조개, 홍합 등을 넣어 변주를 줄 수도 있고요. 파파 알 포모도로를 만들 때 제일 중요한 것은 신선한 토마토를 쓰는 거예요. 피렌체 토마토를 쓰면 더 좋겠죠. 코스톨루토 피오렌티노(costoluto fiorentino)라고 이곳의 토마토는 호박처럼 울퉁불퉁하게 생겼는데요. 당도와 산도가 높고 과즙이

풍부해서 이걸로 파파 알 포모도로를 만들면 정말 맛있어요. 그리고 토마토를 으깰 때 도구를 이용해서 손으로 하는 게 좋아요. 학생들 가르칠 때도 토마토를 절대 믹서기에 갈지 말라고 얘기해요. 너무 곱게 갈면 토마토 풍미를 잃기도 하고 특히 믹서기를 쓰면 토마토가 변질되어 분홍색으로 변해요.

아피츄스 코리아에서도 학생들을 가르치신 경험이 있다고 들었어요. 한국에서 지내면서 한식도 많이 드셨을 텐데 토스카나 음식과 어떠한 점이 유사하고 또 다른지 생각해본 적이 있으신가요?

한국에 이탈리아처럼 좋은 음식이 정말 많다는 것이 비슷하죠. 특히 김치가 정말 흥미로워요. 전통적인 방식으로 음식을 보존하고 저장할 수 있잖아요. 인상적이었어요. 차이점이라면 먹는 방식이 달라요. 이탈리아에서는 코스로 먹지만, 한국은 여러 음식을 한꺼번에 시켜서 서로 나눠 먹죠. 이건 정말 큰 차이지만, 유쾌하고 멋진 방식이라고 생각해요. 그리고 한국은 식탁에서 직접 조리해서 먹는 음식이 많아요. 저는 셰프니까 요리하는 데 익숙하지만, 대부분 사람은 그렇게 할 수 없을 텐데 그 부분이 재미있었어요. (웃음) 농담이에요. 저도 식당에 가면 직접 요리하는 것보다 누군가 대접해주는 게 더 좋죠.

요리사와 요리 강사로서의 생활뿐만 아니라 노르치노의 일상도 궁금해요. 육류 가공업은 어떻게 시작하게 되신 건가요?

육류 가공(cure)을 잘하면 특히 돼지는 버릴 데가 없어요. 다 먹을 수 있죠. 저는 가족의 지인에게서 전통적 방식으로 돼지 가공하는 법을 배웠어요. 어릴 때 가족들과 키안티에 있는 어르신 댁에 종종 놀러 갔거든요. 그때 슈퍼마켓에서 구할 수 없는 것들을 먹을 수 있었어요. 정말 놀라운 맛이었어요. 그리고 요리사가 되면서 제가 이때 먹었던 것을 만드는 일에 대해 생각하게 되었고 식당에서 일하며 여러 종류의 육류를 사서 직접 가공하기 시작했어요. 어르신을 찾아가 가공 방법을 알려달라고 부탁드렸고 그분이 단계별로 가르쳐주셨어요. 그러다가 제가 농장에서 일하게 되었는데 여기 농장주가 시에나 기반의 친타 세네제(cinta senese) 품종 돼지를 보존하려고 노력하는 분이었어요. 사람들이 기르는 걸 기피해서 이 품종이 당시에 많이 사라진 상태였어요. 가격이 비싸기도 하고 다 키우는 데 시간이 오래 걸리거든요. 야외에서 길러야 하고요. 1950~60년대에 대량 생산 시스템을 위해 유럽에서 요크셔 돼지를 수입하면서 친타 세네제는 점점 사라졌어요. 이 농장주분을 비롯하여 여러 사람이 해당 종을 보존하기 위해 노력했고 개체 수가 다시 천천히 늘어나서 지금은 꽤 많이 있어요. 이 돼지는 야외에 살면서 숲에서 먹이를 찾아요. 우리가 고기를 논할 때 이 지점은 매우 중요해요. 동물이 좋은 삶을 살아야 한다는 거요. 결국 죽는다는 점이 슬프기는 해도 동물들이 살아 있는 동안은 좋은 걸 먹으며 행복하게 지내길 바라요. 우리가 이것을 항상 인식하고 있어야 한다는 점이 제 직업에서 정말 중요한 부분이라고 생각해요.

이탈리아에 와보니 프로슈토부터 살라미, 피노키오나 등 가공육 종류가 정말 다양한데 각각 어떤 차이가 있나요?

프로슈토(prosciutto)는 돼지 뒷다리로 만들어요. 앞다리로 만든 것은 스팔라(spalla)라고 하죠. 둘이 비슷해 보이긴 하지만, 스팔라가 지방기가 좀 더 많아요. 살코기로는 살라미(salami)를 만들어요. 살코기와 레드 와인, 마늘, 소금 그리고 허브류를 섞어 만들죠. 살라미는 고기를 발효시켜야 해서 만들기 가장 어려워요. 전통적인 살라미를

만들려면 돼지를 자를 때 제일 질이 좋고 결합 조직이 없는 살코기 부분을 골라내야 해요. 토스카나 특산 가공육인 피노키오나(finocchiona)는 살라미 일종인데 이때는 지방이 살짝 있는 부위로 만들고요. 피가 많은 부분으로는 소시지를 만들어요. 신선하니까요. 어떤 것이든 육류 가공에는 인내심이 필요해요. 프로슈토 만드는 데 2~3년 걸릴 때도 있거든요.

다리 말고 돼지의 다른 부위로도 가공육을 만들 수 있죠?

그럼요. 론치노(lonzino)가 대표적이에요. 지방기가 적은 살코기 위주의 돼지 허릿살로 만들어요. 저는 요즘 타레제(tarese)를 만들고 있어요. 피렌체 남쪽 아레초의 특산물인데 돼지 뱃살부터 허릿살에 해당하는 부분을 통으로 가공해요. 200kg에 달하는 돼지로 만드는 거라 길이가 50~80cm 정도로 커요. 타레제를 처음 보았을 때 엄청나다고 생각했어요. 지역마다 가공육의 형태나 이름이 조금씩 다르고 참 다양해요.

가공육을 맛있게 먹을 수 있는 방법을 추천해주신다면요.

적절한 온도가 가장 중요해요. 차갑게 먹으면 안 돼요. 상온이 적당하고 토스카나 빵과 먹으면 좋아요. 전통적인 토스카나 빵은 짜지 않으니까요, 같이 먹으면 궁합이 좋죠.

누구보다 음식 그리고 요리에 가까운 생활을 하고 계신데 개인적으로 아침, 점심, 저녁에는 무엇을 드시는지 궁금해요.

아침에는 제철 과일에 꿀을 살짝 둘러서 스페셜티 커피와 먹고요. 점심으로 약간의 빵과 샐러드를 먹는 편이에요. 파스타를 해 먹기도 하고요. 저녁은 상황에 따라 다른데 리조토를 자주 먹어요. 야채를 많이 넣어서요. 육류 섭취를 되도록 줄이려고 해서 생선 위주로 먹어요.

에스프레소는 즐겨 마시지 않나요?
이탈리아 하면 커피가 또 유명하잖아요.

이탈리아 에스프레소는 훌륭하죠. 그런데 가만 생각해보면 이탈리아는 커피 생산국이 아니에요. 로스팅을 잘해서 커피가 유명해진 거죠. 이탈리아에서 대부분 커피를 강하게 볶는데 제 생각에 그러면 커피 맛이 지나치게 안정화되어 다른 풍미를 잃는 것 같아요. 그래서 저는 스페셜티 커피를 좋아해요.

평소에 장은 어디서 보세요?
식당에 필요한 재료도 많을 것 같아요.

야채나 농산물은 지역 생산자에게서 직접 구매해요. 요리할 때 재료가 정말 중요하니까요. 슈퍼마켓 제품들은 그 물건이 어떻게 여기에 오게 되었는지, 얼마나 여기 있었는지 등을 알기 어려워요. 그러한 재료로 요리한 음식을 고객에게 대접할 수는 없어요. 생산 과정을 가늠할 수 있는 지역의 재료를 사는 게 좋아요. 그래서 빵을 만들 때는 피렌체 남쪽 몬테스페르톨리 지역의 제분소에서 밀가루를 사고요. 치즈가 필요하면 목축업자에게서 구매해요. 농장에서 직접 기른 작물을 쓰기도 하고요. 청소용품, 냅킨 같은 공산품이 필요할 때만 슈퍼마켓에 가는데요. 식당과 호텔 운영자를 위한 도매 슈퍼마켓이 따로 있어요. 거기서 가끔 대량 구매하죠.

팬데믹 이후에 많은 관광객이 피렌체를
다시 찾기 시작했어요. 피렌체에서
꼭 해보았으면 하는 일이 있을까요?

첫째로 키안티 지역에 가보세요. 정말 아름다워요. 그리고 자전거나 오토바이로 여행하는 걸 추천해요. 자동차로 다닐 때와는 달리 지역의 냄새를 맡을 수 있어서 좋아요. 마지막으로 미켈란젤로 광장에서 노을 지는 풍경을 감상하면 좋겠죠. 그리고 가능하다면 매일 아침 피렌체 시내를 걸으며 시장에 가거나 현지인의 삶을 체험해보세요.

그럼 어떤 시장을 가보면 좋을까요?

산탐브로조 시장을 추천해요. 지인이 놀러 오면 저도 항상 데려가요. 야채가 특히 괜찮아요. 산토 스피리토(Santo Spirito) 광장에도 시장이 있는데 매월 셋째 주 일요일에는 파머스 마켓이 크게 열려요. 일정이 맞으면 그때 가보세요. 진짜 좋아요.

즐겨 가는 식당이나
젤라테리아도 알려주세요.

저는 피렌체 외곽에서 지내는 편이라 시내에서 식사할 일이 별로 없지만 어떤 식사를 하고 싶은가에 따라 조금 다를 것 같아요. 팬시하고 새로운 식당을 원한다면 에센치알레(Essenziale)가 괜찮고요. 전통적인 토스카나 음식을 찾는다면 오메로(Trattoria Omero)를 추천해요. 여기 풍경도 정말 좋아요. 젤라테리아는 아라(Arà). 시칠리아 사람이 운영하는 곳인데 아란치니와 볶음밥도 팔아요. 가끔은 여기 아란치니가 시칠리아 것보다 더 맛있는 것 같아요. 카놀리와 리코타 젤라토를 추천해요. 마이 슈거(My Sugar) 젤라테리아도 가보세요. 최근에 이 동네에 갈 일이 없긴 한데 문 열기 전부터 여기 주인과 알고 지냈거든요. 재료도 좋고 젤라토를 잘 만들어요. 그리고 저는 스브리노(Sbrino)를 정말 좋아해요!

마지막으로 피렌체에서의 삶은 어떠한지
짧게 정의하여 표현해주세요.

토스카나에서의 삶은 자연(wild)과 패션(fashion)의 조합 같아요. 피렌체는 패션의 도시로도 유명하지만 투박하고 자연스러운 전통이 그대로 남아 있는 곳이에요.

tel +39 055 538 5045 • www.vesparental.eu
DS
89433

Let's Round Off 하루의 마무리 a Perfect Day

피렌체의 저녁은 길다. 미켈란젤로 광장이나
베키오 다리 인근에서 일몰과 야경을 감상한다.
근교 피에솔레의 전망대도 피렌체 도심을 조망하기에 좋다.
그리고 저녁 식사를 시작한다. 전채부터 디저트까지
코스별로 즐기고 나면 한밤중일 테지만, 걱정할 필요 없다.
밤늦게까지 영업하는 술집이 산타 크로체 성당 주변에
여럿 있으니 말이다. 가볍게 와인이나 맥주 한 잔을
즐기며 어둠이 내려앉은 도심을 감상해보자.
그간 보지 못했던 피렌체의 정경을 발견할 것이다.

7

피렌체의 패션은 어떤가요?

왼쪽부터
소피 마찬티(Sophie Mazzanti)
안드레아 마찬티(Andrea Mazzanti)
폰 사르키시안(Fawn Sarkisian)

간단한 자기소개를 부탁합니다.

폰(이하 Ⓕ) 제 이름은 폰이고요. 미국 출신으로 이탈리아에 온 지는 30년도 넘은 것 같네요. 이제 햇수 헤아리는 걸 포기했거든요. (웃음) 밀라노에서 모델로 일하다가 패션업계 종사자인 안드레아를 만나서 정착했어요. 지금은 아스페시(Aspesi) 피렌체 지점장으로 일하고 있어요. 바잉할 물건을 고르고 고객들을 관리하죠. 24시간 매장에 매여 있다고 해도 과언이 아니에요. 두 딸에 아들이 하나 있고 두 명의 손주를 두었어요.

안드레아(이하 Ⓐ) 안드레아 마찬티입니다. 할아버지 때부터 가족들이 패션업에 종사해서 저도 자연스럽게 패션 일을 하게 되었어요. 처음에는 에이전트로 시작해서 브랜딩, 유통 부문에서 일하다가 디자인과 스타일링으로 직무를 바꾸었어요. 로로피아나(Loro Piana) 등의 브랜드에서 오래 일했고요. 코로나19 이전에는 뉴욕의 브룩스 브라더스(Brooks Brothers)에 있다가 지금은 브룩스 브라더스의 유럽 지부 디자인 디렉터예요. 자식 셋 다 패션업계에서 일하고 있어요.

소피(이하 Ⓢ) 막내딸 소피예요. 패션디자인과 비즈니스를 전공했고 공부를 마칠 때쯤 선생님 제안으로 케어링 그룹에서 인턴을 하게 되었어요. 그 이후에 자리 잡아서 근무한 지 4년 정도 되었고요. 현재 근무지가 피렌체의 아울렛 더 몰인데요, 제가 하는 일이 조금 복잡하긴 한데 간단하게 설명하면 고객들이 매장에 도착해서 떠날 때까지 일어나는 모든 경험을 관리하는 일이에요. 이벤트나 마케팅, 엔터테인먼트와 관계된 일이라고 해야 할까요. 크리에이티브한 사고와 비즈니스 감각을 동시에 필요로 해요. 매번 도전하는 기분인데 그래서 좋은 경험이 되기도 해요.

두 분은 어떻게 만나셨는지 궁금해요.
피렌체에서 만나신 건가요?

Ⓕ 처음 만난 건 모데나였고 밀라노에서 첫 데이트를 했어요. 1988년에 결혼했고요. 안드레아가 피렌체 사람이라 자연스레 여기 살게 되었어요.

Ⓐ 가족이 할아버지 때부터 지금까지 계속 피렌체에서 살았어요. 피오렌티노죠. 소피는 여기서 태어났고요.

Ⓕ 우리 가족의 현재 터전은 피렌체지만 아이들이 어릴 적에는 미국에 3개월씩 데려가서 미국 생활도 경험하게 했어요. 저의 배경도 아이들이 이해할 수 있어야 한다고 생각해서요.

폰은 매장에서 고객들을 직접 만나고 소피는 고객이 더 나은 경험을 할 수 있도록 전략을 구상한다고 이해했는데, 안드레아의 업무에 대해 조금 더 듣고 싶어요. 디자인 디렉터는 구체적으로 어떤 일을 하나요?

Ⓐ 컬렉션 준비하는 일이죠. 유럽 담당이라 유럽 시장을 위한 컬렉션이에요. 브룩스 브라더스는 토탈 컬렉션을 진행하는 브랜드예요. 해당 시즌의 분위기나 테마에 맞게 컬러 보드를 정한 다음 전체적인 방향성을 정리해요. 아웃웨어, 정장, 니트 등에 어울리는 천을 모으고 각 파트의 디자이너들이 해당 시즌의 옷을 디자인하는 데 필요한 디렉팅을 진행해요.

같은 브랜드임에도 미국에서
일할 때와 차이가 있나요?

Ⓐ 기본적으로 업무 시스템이 달라요. 미국은 일하는 데 최적화되어 있고 30분마다 미팅을 할 정도로 일정이 촘촘해요. 그리고 금요일 오후 5시가 되면 모두 사라지고요. 그런데 유럽, 특히 이탈리아는 전혀 달라요. 개인이 각자 알아서 일정을 관리하고 미팅은 별로 없어요. 정해진 일정을 따르는 것이 아니라 자신이 할 수 있는 역량에 맞춰 조율하니까 어찌 보면 크리에이티브한 방식이라고 할 수도 있죠. 단점은 주말에 일하는 경우도 있다는 거예요. 장단점이 확실해요.

미국 시장과 유럽 시장에서 소비자가
선호하는 디자인은 다른가요?
디자인에 주안점을 둔다면
서로 어떤 차이가 있는지 궁금합니다.

Ⓐ 브룩스 브라더스는 미국에서 200년 넘는 전통을 가진 유서 깊은 브랜드예요. 미국 대통령이 취임식 때 입는 옷이기도 하고요. 셔츠가 특히 유명하죠. 남성복의 핏과 컬러에 있어 미국과 이탈리아 소비자의 선호도가 달라요. 미국에서는 남자들이 색이 있거나 파스텔톤의 바지를 좋아하고 즐겨 입어요. 아메리칸 사이즈라고도 하는데, 오버사이즈로 크게 입는 편이에요. 이탈리아 남자들은 무채색이나 블루, 네이비 같은 색을 선호하고 핏도 슬림핏을 좋아해요. 근래에 오버사이즈가 유행이긴 하지만, 이탈리아에서는 전통적으로 슬림핏을 입어요. 또 다른 차이가 있다면 이탈리아 사람들은 천의 품질에 아주 예민해요.

아스페시는 이탈리아 밀라노에서 시작한
브랜드로 알고 있어요. 이탈리아 내에서도
밀라노와 피렌체의 스타일이 사뭇 다른데요.
폰은 매장 운영자로서 피렌체 소비자의
취향을 잘 아실 것 같아요.

Ⓕ 밀라노, 토리노, 제노바, 로마 등에 아스페시 매장이 있어요. 지역의 특성이 서로 달라서 각자 자신이 원하는 걸 바잉해요. 가격대부터 취향까지, 도시마다 특색이 보이죠. 피렌체의 고객들은 밀라노만큼 소비력이 있지는 않지만, 충성도가 높아요.

그리고 관광객 비중이 크죠. 코로나 때는 소비자의 약 25% 정도가 외국인이었는데 그전에는 약 35~40%를 차지했어요. 피렌체는 밀라노와 비교하면 매우 작고 사는 사람도 많지 않아요. 그리고 전통을 중요하게 생각해요. 국제적인 도시인 밀라노와는 확실히 달라요. 그러니까 우리는 밀라노 지점과는 다른 옷을 고르죠. 기본에 충실한 옷 위주로, 특히 가격대를 신중하게 고려해요. 외국인을 위해 다양한 색상과 큰 사이즈의 옷도 준비하고요. 최근 가장 큰 특징은 외국인 비율이 45~50% 가까이 된다는 점이에요. 정말 믿을 수 없는 현상인데 모든 유럽인과 미국인이 다시 여행을 시작했기 때문인 것 같아요.

가족 모두 패션업에 종사하고 있다는 점이 흥미로워요. 그 안에서도 구체적인 직무는 조금씩 달라서 서로 조언을 구할 수도 있을 것 같은데요.

Ⓕ 이탈리아 사람들은 집에서 일 이야기를 하지 않아요. 금기에 가깝죠. 집에서는 다른 일들을 즐기고 편안히 쉬고 싶어 해요. 맛있는 음식을 먹고 여유를 즐기는 종류의 이야기를 해요. 이러한 생활 습관이 정말 중요한 것 같아요. 현대사회에서 우리는 다들 강도 높게 일하니까요. 생각을 멈출 줄도 알아야 해요. 정신 건강을 위해서요.

그럼 일상생활을 이야기해볼까요.
아침, 점심, 저녁에 무엇을 드시는지 궁금해요.

Ⓕ 아침부터 이야기하면, 매일 안드레아가 침대로 커피와 쿠키를 가져다줘요.

Ⓢ 저한테는 안 그래요. (웃음)

Ⓕ 아메리카노를 주로 마시고요. 네스카페 브랜드로요. 저는 이탈리안이 아니라 에스프레소를 즐기지 않아요. (웃음) 그리고 바나나를 자주 먹고요.

Ⓐ 저는 모카 커피를 좋아해요. 에스프레소 말고 모카포트로 내린 커피요. 그게 최고거든요. 그리고 햄이나 토스트에 달걀, 그리고 베이컨처럼 짠 음식을 먹어요. 이탈리아 사람들은 아침에 보통 돌체를 먹는데 저는 좀 특이한 편이죠.

Ⓢ 저는 녹차와 요거트 그리고 토스트에 마멀레이드를 얹어서 먹어요. 그리고 11시쯤 바르에서 커피를 마셔요. 에스프레소 말고 우유가 들어간 카푸치노나 마키아토네(macchiatone)를 즐겨요.

점심은요?

Ⓕ 점심때 주로 일하고 있어서 느지막이 블루베리와 요거트를 먹어요. 샌드위치나 수프를 집에서 만들어가기도 하는데 점심은 보통 잘 안 먹고 대신 과일을 항상 챙겨가요. 집에 있을 때는 샐러드를 먹고요.

Ⓐ 저는 쌀을 좋아해요. 보통 리조토를 해 먹는 카르나놀리 아니면 로마쌀 등 이탈리아에 쌀 종류가 다양해요. 밥과 토마토를 함께 요리하기도 하고 샐러드에 바스마티쌀을 곁들이기도 해요. 봉골레 스파게티를 먹을 때도 있고요. 점심은 항상 사무실에서 먹어요.

Ⓕ 보통 점심은 간단하게 먹고, 우리에게 중요한 건 저녁이에요.

Ⓢ 우리 가족은 보통 점심쯤 저녁 메뉴를 정해요. 저녁은 주로 아빠가 하는데요. 아빠에게 저녁 메뉴를 물어본 다음 점심 메뉴를 결정하죠. 저녁이 거하면 점심은 가볍게 먹으려고 해서요. 원하는 음식을 아빠에게 주문하기도 해요.

Ⓕ 그래서 안드레아가 없으면 곤란해요. 안드레아가 없을 때는 샐러드나 냉장고에 남아있던 걸 먹거든요. (웃음)

저녁에는 주로 어떤 요리를 하시나요? 전채, 프리모, 세콘도, 디저트까지 코스를 다 챙기시는 편인가요?

Ⓕ 그럴 때도 있지만, 일반적이지는 않아요. 보통은 파스타에 샐러드를 먹죠. 아니면 고기나 생선 요리에 샐러드를 곁들이거나 야채와 밥을 먹기도 해요.

Ⓐ 손님이 있으면 프리모로 파스타를 하고 세콘도에 생선이나 고기 요리를 먹기도 하는데 가족끼리 있을 때는 보다 간단하게 먹죠.

가족들이 좋아하는 안드레아의 요리를 하나만 꼽아주신다면요.

Ⓢ 무조건 토마토 파스타요! 가족들이 집을 떠났다가 오랜만에 돌아올 때면 아빠의 토마토 파스타를 제일 먼저 찾아요.

Ⓕ 정말 간단하지만, 맛있어요. 최고예요. 토마토소스에 약간 매운 고추, 그리고 마늘만 있다면 누구든 만들 수 있어요. 여러분이 피렌체에 조금 더 머무를 수 있다면 안드레아가 가르쳐줄 텐데 아쉽네요. 직접 기른 토마토와 고추로 요리하거든요.

직접 기른 농작물로 만들다니 정말 맛있을 것 같아요! 파스타 면은 어떤 브랜드를 선호하시나요?

Ⓐ 데체코(De Cecco)를 좋아해요. 데체코 제품을 다른 나라에서도 구할 수 있는데 이탈리아 제품이 특히 맛있어요. 미국의 것과 맛이 다르더라고요. 성분이나 조합 방식이 다른 것 같아요.

평소에 장은 어디서 보세요?

Ⓢ 피렌체 사람들은 동네 시장에 가죠.

Ⓕ 산탐브로조 시장을 특히 좋아해요. 피렌체 인근 지역에서 농부들이 재배한 농산물을 살 수 있어요. 매일 아침 농장에서 직접 가지고 오니까 신선해요. 그래서 날마다 살 수 있는 물건이 달라요. 품질이 정말 좋은데 가격은 슈퍼마켓보다 저렴해요.

피렌체 내 좋아하는 가게 몇 군데 추천해주실 수 있을까요? 다들 패션 일을 하시니 예쁜 가게도 많이 알고 계실 것 같아요.

Ⓢ 유명한 곳은 대부분 아실 것 같아서, 보테가 디 스구아르디(Bottega Di Sguardi)를 추천해요. 안경점인데 향수도 판매하고 가게가 참 예뻐요.

Ⓕ 퀘르촐리 에 루케리니(Quercioli & Lucherini)에 가보세요. 양말과 속옷을 파는 잡화점인데 취급하는 모든 제품이 굉장히 예뻐요. 질도 좋고요. 옷 가게는 당연히 아스페시! (웃음)

즐겨 가는 식당이나 젤라테리아도 알려주세요.

Ⓐ 가격이 너무 비싸지 않으면서 괜찮은 식당을 찾는다면 알라 베키아 베톨라(Alla Vecchia Bettola)가 딱 좋아요. 음식이 특색 있어요. 젤라테리아는 바디아니(Badiani)를 추천해요. 부온 탈레티(Buon Talenti) 맛을 꼭 드셔보세요.

Ⓢ 부카 델로라포(Buca dell'Orafo)도 훌륭해요. 전형적인 토스카나 음식을 파는 식당인데 가격도 적당해요. 베키오 다리 근처에 있어서 가게 이름도 'Buca dell'Orafo' 즉, 귀금속 상인의 구멍이란 의미예요. 그 일대가 귀금속 판매로 유명하니까요. 부카(buca)는 원래 구멍이란 뜻인데 반 층 정도 아래로 내려가는 곳을 칭하기도 하거든요. 여기 식당도 그런 구조이고 잘 보면 피렌체에 '부카'란 이름이 붙은 공간이 꽤 많아요. 그리고 젤라테리아 중에는 스브리노(Sbrino)를 좋아해요.

Ⓕ 저는 페르케노(Perché no!...) 젤라테리아요. 여기는 좋은 재료로 젤라토를 만들거든요. 커피맛 젤라토는 커피향만 내는 게 아니라 진짜 커피로 만들어요. 딸기맛 같은 과일 젤라토는 산탐브로조 시장에서 제철 과일을 가져다가 만들고요. 우리 모두 다른 젤라테리아를 골랐네요, 재미있네요!

마지막으로 피렌체에서의 삶은 어떠한지 짧게 정의하여 표현해주세요.

Ⓕ 평화로움이요. 외국의 친구들이나 고객들과 비교했을 때 여기 살고 있고 내 아이들이 여기서 자랄 수 있다는 사실에 행복해요. 여기는 평화롭고 안전하다고 느껴요.

Ⓐ 예술. 피렌체에서의 생활은 예술과 함께하는 삶이에요. 아주 작은 길을 걷더라도 그곳에 항상 역사와 예술이 살아 숨쉬어요.

Ⓢ 아름다움이요. 피렌체를 떠났다가 돌아오면 이곳이 얼마나 아름다운지 알 수 있어요. 일주일에 3일 정도는 남자친구와 함께 전원으로 나가요. 전원 지역이 매우 가깝거든요. 산들바람을 느끼며 주변을 돌아보다가 깨닫죠. "맙소사, 너무 아름다워!"

83
ASPESI

피티 궁전 Palazzo Pitti

피렌체에서 가장 큰 규모를 자랑하는 궁전이다. 메디치가에 필적했던 피티 가문의 루카 피티가 메디치 궁전(Palazzo Medici Riccardi)에 비견할 만한 건물을 세우겠다는 포부로 지은 것이다. 브루넬레스키가 설계했다는 설도 있으나 그는 건설 시작 전에 이미 세상을 떴으므로 다른 사람이 작업했을 확률이 높다. 루카 피티 역시 궁전의 완공을 보지 못하고 눈을 감았고 이후 메디치가에서 인수하여 거처로 삼았다. 현재는 메디치가의 컬렉션을 전시하는 박물관으로 이용하고 있으며 뒤편의 보볼리 정원(Giardino di Boboli)은 이탈리아 정원 양식의 모범이라 불리니 함께 둘러보아도 좋겠다.

산 로렌초 성당 Basilica di San Lorenzo

393년 축성된 이후 과거 오랜 기간 피렌체 대성당 역할을 했고 현재의 피렌체 대성당 돔을 만든 브루넬레스키의 설계로 15세기에 재건되었다. 이탈리아 초기 르네상스 시대의 건축을 대표하는 성당으로 손꼽히며 부속 건물로 미켈란젤로가 설계한 라우렌치아나 도서관, 메디치가 주요 인사들이 안치된 메디치가 예배당 등이 있다.

레푸블리카 광장 Piazza della Repubblica

피렌체가 고대 로마의 도시이던 시절 로마의 도시 건설 방식에 따라 생겨난 광장이다. 로마인들은 두 개의 큰 도로가 직교하는 이곳에 광장(forum, 포룸)을 만들었고 이후에는 시장이 자리하면서 오랜 기간 상업과 공공활동의 중심지로 기능했다. 19세기 중반 피렌체가 잠시 이탈리아 왕국의 수도였을 때 현재의 모습을 갖추었고 주변에 카페, 호텔 등이 들어서면서 피렌체 중심부 역할을 이어 나갔다. 그중 19세기에 문을 연 카페 주베 로세(Caffè Giubbe Rosse)는 저명한 예술가와 철학가들이 여럿 오간 곳으로 오늘날에도 많은 관광객을 불러 모은다.

산타 크로체 성당 Basilica di Santa Croce
프란치스코회 성당 중 세계에서 가장 큰 규모고 미켈란젤로, 갈릴레오, 마키아벨리, 로시니 등 이탈리아 주요 인사들의 묘가 있는 곳으로 유명하다. 예배당 내부 조토의 프레스코화 또한 잘 알려져 있다. 도미니코회에서 산타 마리아 노벨라 성당 건설을 시작하자 프란치스코회에서 이 성당을 지은 것이다. 고딕에서 르네상스로 넘어가는 시기의 건축 양식을 보여주며 특히 부속 건물 중 하나인 파치 가문의 예배당은 초기 르네상스 건축의 정수로 꼽힌다.

IOHANES ORICELLARIVS PAV F AN SAL MCCCCLXX

산타 마리아 노벨라 성당 Basilica di Santa Maria Novella

도미니코회의 성당으로 보통 피렌체 여행의 시작점이 되는 산타 마리아 노벨라역이 바로 이곳 이름을 딴 것이다. 기를란다요의 프레스코화, 마사초의 성 삼위일체, 조토의 십자가형 등 아름다운 작품을 다수 소장하고 있어 관광객의 발길이 끊이지 않는다. 알베르티가 설계한 파사드 또한 유명한데 로마네스크, 고딕, 르네상스 양식의 혼재가 조화롭다. 이 성당은 피렌체 도심 북서부에, 이후 지어진 프란치스코회의 산타 크로체 성당은 동쪽에 위치하면서 피렌체 두오모를 기준으로 두 성당이 서로 반대편에 자리 잡고 있다.

베키오 다리 Ponte Vecchio
아르노강을 가로지르는 베키오 다리는 '오래된 다리'라는 뜻 그대로 피렌체에서 가장 오래된 다리다. 로마 시대에 건설된 마지막 다리로 알려져 있고 몇 차례 유지 보수 작업을 거쳐 1345년에 재건된 이후 제2차 세계대전에도 다리 중 유일하게 살아남았다. 예전부터 다리에 상점이 형성되었는데 과거에는 푸줏간, 무두장이 등이 있었고 오늘날에는 금세공품점, 수공예품점 위주로 자리 잡았다. 또한, 베키오 다리 위쪽으로는 바사리 회랑(Corridoio Vasariano)이 지나간다. 메디치가의 코시모 1세가 베키오 궁전에서 피티 궁전으로 거처를 옮기면서 건축가 바사리에게 요청하여 만든 통로로, 베키오 궁전에서 당시 메디치가의 집무실이었던 오늘날의 우피치 미술관 그리고 바사리 회랑을 통하면 피티 궁전까지 서로 연결되어 밖을 통하지 않고 이동할 수 있다.

베키오 궁전 Palazzo Vecchio

13세기 말 지어진 공공건축물로 피렌체 공화정 시절 정치와 행정의 중심지였다. 원래 이름은 시뇨리아 궁전(Palazzo della Signoria, 지도자들의 팔라초)이었고 여기 앞에 시뇨리아 광장이 여전히 있다. 그러다가 16세기에 메디치가가 피티 궁전으로 거처를 옮기면서 지금의 이름 즉, '오래된(vecchio) 궁전'으로 부르게 되었다. 피렌체 대성당과 산타 크로체 성당 건축에 참여한 아르놀포 디 캄비오가 고딕 양식으로 설계하였고 현재는 피렌체 시청과 박물관으로 사용하고 있다.

피렌체 공화정,
동업조합이 일군
중세의 경제 공동체

D

E

E

P

I

N

S

I

D

E

2

라영순

연세대학교 사학과를 졸업하고 이탈리아 국립 파도바대학교에서 역사학박사 학위를 받았다. 중세 말에서 근대 초에 이르는 시대를 중심으로 이탈리아의 역사를 공부하고 있다. 주요 논문으로 「건축물로 바라본 피렌체의 형성과 발전 – 정치적 기능을 중심으로」, 「14세기 이탈리아의 요리책을 통해 본 맛에 대한 역사적 해석」, 「환경사의 관점에서 본 라구나에 대한 베네치아인의 인식과 담론의 등장」 등이 있으며, 공저자로 『도시는 기억이다』에 참여하였다.

오랜 역사와 이를 전달하는 수많은 역사책에도 불구하고 피렌체는 '메디치(Medici) 가문의 후원으로 위대한 문화를 이룩한 르네상스의 도시'로 가장 널리 알려져 있다. 틀렸다고 할 순 없지만, 이러한 해석은 메디치 같은 유수의 가문들이 활동할 수 있었던 배경을 만들어낸 피렌체 사람들의 지난 역사를 모두 시시콜콜한 것으로 만드는 오류를 저지르기도 한다. 피렌체는 메디치 가문이 지배하기 전부터 이미 부유한 도시였고 토스카나를 넘어 이탈리아반도의 정치적 중심지 중 하나였다. 메디치 가문이 피렌체라는 왕관을 더욱 빛나게 한 아름답고 희귀한 보석임은 분명하다. 하지만 경제는 물론 정치에서도 활발하게 활동하며 도시의 변화를 이끈 장인들과, 이들로 구성된 동업조합이 빚어낸 중세 피렌체 공화정의 유산이라는 왕관이 있었기에 그 보석도 반짝일 수 있었다.

Ⅰ. 피렌체 공화정(Repubblica di Firenze)의 등장

신성로마제국 아래 토스카나 후작령(Marchesato di Toscana)에 속했으나 크게 주목받지 못했던 피렌체는 10세기 말 후작이었던 우고(Ugo di Toscana, 961~1001)가 루카에 있던 거주지를 옮기며 그 이름을 드러냈다. 그로부터 50여 년 뒤인 1055년, 후작을 넘어 교황과 황제도 피렌체에 주목하게 되었다. 성직자들의 부패를 개혁하기 위한 공의회의 장소로 피렌체가 선택된 것이다. 이 공의회에서 주목받은 인물이 피렌체 근교 발롬브로사 수도원을 이끌던 산 조반니 괄베르토(San Giovanni Gualberto)다. 피렌체 출신으로 추정되는 그는 수도원을 바탕으로 성직매매와 축첩을 저지르던 부패 성직자들을 공격하며 교회개혁에 앞장선 교황의 우군이 되었다.

피렌체와 교황의 각별한 관계를 대변하는 것은 산 조반니 괄베르토만이 아니다. 공의회가 얼마 지나지 않은 1059년 교황으로 선출되어 교회개혁을 이끈 니콜라우스 2세(Nicholaus II)는 피렌체 주교를 역임했을 뿐만 아니라 피렌체에서 선종해 오늘날 두오모 즉 산타 마리아 델 피오레 교회에 잠들어 있다. 앞서 공의회에서도 드러난 교회개혁의 문제는 사실 교회의 주도권을 두고 일어난 교황과 황제의 갈등이기도 했다. '서임권 투쟁'으로 알려진 이러한 갈등의 절정을 이룬 '카노사의 굴욕' 사건①에서 교황 그레고리우스 7세(Gregorius VII)를 적극적으로 후원하며 황제에 맞서 존재감을 드러낸 토스카나 후작 마틸데(Matilde di Toscana) 또한 교황과 피렌체 사이 각별한 관계를 보여준다.

한편 그녀는 피렌체 역사에 또 다른 중요한 흔적을 남겼다. 슬하에 자녀가 없던 그녀가 1115년 사망하자 토스카나 후작령이 사실상 유명무실해진 것이다. 이 문제를 수습해야 할 신성로마제국 역시

① 성직자를 임명하는 권한 즉 서임권은 원칙적으로는 교회의 권한이었으나 중세 유럽에서는 교회가 세속 군주의 도움과 보호를 받았기에 자연스럽게 세속 군주가 성직자를 임명했다. 11세기 후반 교황 그레고리우스 7세는 교회개혁을 단행하며 세속 군주의 성직자 임명 역시 금지하는데 당시 신성로마제국의 황제 하인리히 4세가 이를 거부하며 밀라노 주교를 직접 임명한다. 이에 그레고리우스 7세는 하인리히 4세를 파문하며 정면으로 맞섰고 1077년 하인리히 4세는 자신의 정치적 입지가 흔들리자 교황이 머물던 이탈리아 북부 카노사성을 찾아가 3일간 문 앞에서 빌며 용서를 구한다. 결국 교황은 파문을 취소했지만, 황제의 권위가 훼손되었는데 이 사건이 카노사의 굴욕이다. 이때 카노사성을 소유했던 여후작 마틸데가 그레고리우스 7세의 체류를 지원하며 공개적으로 교황을 지지하였다.

제위 계승 문제가 잇달아 발생하며 내부 위기에 빠졌다. 도시로 점차 성장하던 피렌체에서는 봉건 영주의 지배를 배제하며 이 불안한 상황을 타개한 정치 조직인 코무네(comune)가 등장했다.

코무네는 도시 구성원 공동의 이익을 추구하면서도 구성원 각각의 권리를 보호하기 위해 결성된 자치 조직이었다. 행정관인 콘술(consul)로 구성된 평의회가 코무네 운영의 주체가 되었는데, 1138년 콘술의 이름이 기록에 등장하는 것을 보면 피렌체는 이제 더 이상 토스카나 후작의 영지가 아니라 자치 조직인 코무네를 기반으로 하는 공화정의 도시로 변화했다고 할 수 있다. 로렌초 데 메디치, 일명 위대한 로렌초(Lorenzo de' Medici, il Magnifico)의 증손자인 알레산드로(Alessandro de' Medici)가 1532년 피렌체 공작에 오르며 군주정 국가의 중심도시로 변할 때까지, 피렌체 공화정은 여러 정치적 격변에도 불구하고 명목상으로 때로는 실질적으로 그 명칭을 유지했다.

II. 경제 성장과 동업조합의 등장

피렌체가 토스카나 후작의 봉건 영지에서 공화정 중심의 코무네로 변화한 것이 단순히 정치 구조적 선택만은 아니었다. 11~12세기를 지나며 이탈리아반도에서 도시는 생산과 운송, 그리고 소비의 성장을 가져온 중세 후반기 경제 발전의 중심이자 사회 변화의 원동력이었다. 이러한 도시의 형성에 많은 사람이 새로운 기회를 엿보며 몰려들었다. 과거 도시 밖 토지에 세력 기반을 두었던 귀족은 물론 소작 농업으로 생계를 유지하던 하층민도 이제 도시에서 새로운 꿈을 꾸기 시작했으며, 도시 밖에 거주하던 수도사 같은 사람들 또한 북적이는 도시에 자리를 잡았다.

피렌체도 견실하게 성장하는 경제 도시 중 하나였다. 비록 알프스 이북과 로마를 잇는 프란치제나길(Via Francigena)② 과 직접 연결된 것은 아니었지만, 아르노강을 따라 프란치제나길의 도시는 물론 당시 해상무역의 한 축을 담당하던 피사와 상거래를 할 수 있었다. 피렌체 경제의 중심에는 제조업이 있었다. 특히 그중에서도 동지중해에서 들여온 명반을 활용하여 플랑드르 등지에서 수입한 옷감을 염색 및 가공하는 피렌체의 직물 산업은 그 색채와 고품질로 점차 명성을 획득했다.

이렇게 경제가 성장하고 사람들이 더욱더 모여들며 피렌체 내부에서는 새로운 직업들이 생겨났다. 그리고 새로운 직업은 사람들을 도시로 끌어당기는 원동력이 되었다. 다만 도시민의 증가와 다양화 속에서, 사람들은 도시 발전을 공동으로 원하면서도 각자의 이해관계가 점차 차이를 보이기 시작했다. 강력한 외부 권력이 부재한 상황에서 지속적인 발전을 도모하며 도시 내부 문제 및 이해관계를 자체적으로

② 영국 캔터베리 대성당에서 시작하여 프랑스, 스위스를 거쳐 이탈리아 로마에까지 이르는 순례길로 13세기에는 알프스 이북과 남부 유럽을 연결하는 무역로로도 널리 알려졌다. 토스카나 지역에서는 루카, 산지미냐노, 시에나 등의 도시를 거쳐 간다.

조정하는 조직이 피렌체에 생겨난 것은 자연스러운 일이었다. 즉 코무네는 경제 안정과 발전을 위한 조직이기도 했다.

그러나 든든한 가문의 귀족이 아닌 도시 민중이 코무네에 직접 참여하기는 쉽지 않았다. 사실 참여는 고사하고 도시 내 경쟁에서 자신의 권리를 인정받기조차 쉽지 않았다. 또한, 코무네가 도시 생활의 모든 면에 개입하는 것도 불가능한 일이었다. 특히 같은 직종의 종사자들 사이에서 일어나는 문제는 그들 전체의 이익과 관련한 것이었으므로 내부 조정이 필요했다.

그리하여 귀족 출신이 아닌 도시 민중은 자신의 권리를 지키고 공동의 이익을 수호하기 위해 직업을 중심으로 한 집단을 구성하기 시작했다. 길드로 더 잘 알려진 이러한 동업조합(corporazioni delle arti)은 단순한 동업자들의 모임을 넘어 자신들의 본부 또는 본부 격의 교회를 확보하고 이를 중심으로 조직의 결속력을 강화했다. 이들은 조직 운영을 위한 내부 규정을 바탕으로 공동의 이익을 도모하는 사회적인 세력 집단으로 성장했다.

1150년 결성되었다는 직물상인(Arte di Calimala)조합을 시작으로 12세기 말 피렌체에 총 7개의 조합이 있었다고 알려져 있다. 법관 및 공증인(Arte dei Giudici e Notai), 은행가와 환전상(Arte del Cambio), 모직물업(Arte della Lana), 견직물업(Arte della Seta), 의사와 약재상(Arte dei Medici e Speziali) 그리고 피혁업(Arte dei Vaiai e Pellicciai)조합은 직물상인조합과 함께 피렌체 경제를 지탱하는 핵심 구성원으로, 주요 조합(Arti Maggiori)을 이루었다. 이들은 자금을 동원해 생산하고 상업을 담당한 사람들로 단순한 장인의 범주에서 벗어나 동업조합을 통해 차츰 피렌체 사회 전반에 영향력을 행사하게 되었다.

한편 13세기 중반 이후 도시의 성장과 직업의 분화·확대로 새로운 동업조합들이 등장했다. 목축 및 정육업(Arte dei Beccai), 신발제조업(Arte dei Calzolai), 대장장이(Arte dei Fabbri), 석공과 건축업(Arte dei Maestri di Pietra e Legname), 마직물업과 의류제조업(Arte dei Linaioli e Rigattieri), 포도주양조업(Arte dei Vinattieri), 여관업(Arte degli Albergatori), 무두질업(Arte dei Cuoiai e Galigai), 식품업(Arte degli Oliandoli e Pizzicagnoli), 마구 등 잡화제조업(Arte dei Correggiai), 무기제조업(Arte dei Corazzai e Spadai), 열쇠 및 화로제조업(Arte dei Chiavaioli), 목수와 나무꾼(Arte dei Legnaioli), 그리고 제빵업(Arte dei Fornai)조합이었다. 앞서 언급한 7개의 주요 조합과 대비되어 이들 14개 조합은 보조 조합(Arti Minori)으로 점차 구분되었다. 보조 조합이라는 구분이 주요 조합과 비교하였을 때 피렌체 내에서 경제적·사회적 중요성의 차이를

의미하지는 않는다. 주요 조합이 피렌체의 대외적 성장과 관계되어 역사적으로 오래되고 영향력이 컸던 동업조합임은 분명하지만, 보조 조합의 구성원 또한 도시의 삶을 원활하게 유지하기 위해 꼭 필요한 사람들이었다. 다만 보조 조합이 속한 산업의 규모가 주요 조합의 직종보다는 작았고 이들은 도시 내 일상생활과 관계된 전문 기술인으로서의 성격이 강했기에, 대외적인 목소리를 강하게 표출하는 주요 조합에 비해 정치적 성격을 분명하게 드러내지는 않았다.

III. 동업조합과 피렌체 공화정의 성쇠

동업조합은 기본적으로 구성원의 경제적 이해를 위해 결성된 것이었다. 그러나 피렌체의 경제 발전이 곧 정치 안정의 산물이며 피렌체의 흥망이 자신들의 생존과 직결되어 있음을 깨달은 순간 동업조합 역시 피렌체의 정치 문제에서 벗어날 수 없었다.

12세기 말 신성로마제국 황제가 코무네 체제를 승인하며 이탈리아 도시들은 자치권을 공인받았다. 하지만 자치권을 얻기 위해 단결했던 도시의 유력가문들이 이후에는 도시의 주도권을 두고 분열하거나 대립하기 시작했다. 이들은 콘술직을 점유하거나 영향력 행사를 넘어 파벌을 형성해 도시 정치를 좌우했다. 귀족 가문들은 혈연이나 혼인을 기반으로 정치·경제적 연대를 결성했다. 이렇게 형성된 파벌 즉, 콘소르테리아(consorteria)가 피렌체에서도 정치를 좌우했다. 13세기에 접어들어 황제 대 교황이라는 전통적 경쟁 구도가 다시금 소환되며 이들의 갈등도 격화되었다. 피렌체 귀족들은 황제 중심의 기벨린(Ghibellini)과 교황을 중심으로 하는 겔프(Guelfi)로 나뉘어 치열한 다툼을 벌였다.③

이러한 귀족 집단의 갈등은 결과적으로 동업조합의 정치적 역할을 점진적으로 강화하는 요인이 되었다. 13세기 내내 표면적으로는 겔프와 기벨린이 번갈아 가며 피렌체 정치를 좌우했지만, 이들이 갈등과 폭력을 반복하며 서로의 숫자를 줄이는 동안 동업조합 기반의 도시 민중이 도시의 정치를 잠식했다. 이들이 특정 당파를 단일하게 지지했던 것은 아니다. 그러나 토지 귀족이 중심을 이룬 기벨린에 비해 겔프에는 도시 상공업 경제 기반의 사람들이 비교적 많아 도시 민중은 대체로 겔프와 공감대를 형성했다. 또한, 13세기 후반 이탈리아반도의 정세를 좌우한 주요 전투에서 겔프가 승리하면서 이들 역시 정치적 위상을 높일 수 있었다.

1266년 주요 동업조합이 법적으로 승인받은 것을 시작으로 1280년대에 이르러 동업조합은 대표자인 프리오리(Priori)들을 통해 코무네 행정을 점차 장악했다. 1285년에는 보조 조합 일부도 정치에 참여할 수 있게 되었다. 1289년 캄팔디노 전투(Battaglia di

③ 11세기의 서임권 투쟁부터 이어져 온 교황파와 황제파의 갈등 구도로, 신성로마제국 황제의 자리를 두고 경쟁했던 독일의 벨프(Welf 또는 Guelf) 가문과 호엔슈타우펜 가문에서 그 이름이 유래되었다. (호엔슈타우펜 가문의 바이블링엔성(Waiblingen Castle)을 이탈리아식으로 표기하면 기벨리노(Ghibellino)가 된다.) 교황파와 황제파의 대립은 이탈리아 중북부 지역을 중심으로 15세기까지 이어졌고 피렌체에서는 대체로 겔프가 우세했다.

Campaldino)에서 승리를 거둔 겔프와 도시 민중은 정치적 행보에 방해가 되는 기벨린과 이를 구성하던 귀족들을 영구히 피렌체 정치에서 제거하는 법령(Gli Ordinamenti di Giustizia)을 1293년 반포하기도 했다. 이 법령으로 대략 70여 개의 귀족 가문들이 피렌체 정치와 동업조합에서 배제되었고 코무네의 행정에 참여하려는 자는 동업조합에 등록되어 있어야 한다는 규정이 생겼다.

하지만 이 법령은 오래 가지 못했다. 일부 귀족 가문들이 얼마 지나지 않아 옛 지위로 돌아가 정치참여를 보장받았기 때문이다. 교황과 프랑스 왕 그리고 나폴리의 앙주 왕가 등 유력자와의 관계를 개선해 상업 이익을 보장받으려 한 도시 민중과 겔프 사이 협의에 따른 결과였다. 이는 이제 도시 민중과 귀족 사이 이해관계의 구분이 불분명해졌다는 신호이기도 했다. 주요 조합의 구성원인 도시 민중은 경제적 성공으로 귀족에 버금가는 삶을 누리게 되었고 피렌체의 정치를 장악하며 귀족과 다름없는 사회적 지위를 얻었기 때문이었다. 사실 1293년의 법령으로 정치참여가 금지된 '귀족' 중에는 집안이나 생활 방식 등이 아니라 도시 민중의 지배에 위협이 된다는 이유로 귀족으로 판정된 사람들도 존재했다.

이로써 도시 민중이 피렌체의 정치를 좌우하게 되었으나 이들의 지배가 안정적으로 지속된 것은 아니었다. 14세기 들어 이들 체제에도 균열이 발생했다. 앞서 언급했듯 도시 민중은 동질적인 집단이 아니었다. 모든 직종이 동등하게 인식되지 않았기에 동업조합의 지위 또한 동등하지 않았다. 권력의 중심에는 언제나 주요 조합이 있었고 이를 구성하는 부유한 도시 민중, 일명 '뚱뚱한 민중들(popolo grasso)'이 나머지 민중들을 점차 배제했다.

한편, 노동 구조도 변화했다. 조합은 기본적으로 동일 직업인 집단이므로 구성원인 장인과 수련생의 협력이 매우 중요했다. 현재의 수련생이 미래에 장인이 되어야 해당 조합을 이어갈 수 있었기 때문이다. 그런데 14세기 중반 경제 성장이 점차 한계에 다다르고 흑사병 같은 사회적 재난이 발생하면서 이들 관계에 변화가 일어났다. 이전에는 수련생이 무보수로 일을 배우는 대신 그 기간이 지나면 자신의 작업장을 바로 열 수 있었는데 수련생이 임금을 받으면서 수습 기간이 길어지거나 장인 수준에 도달했음에도 자신의 작업장을 열지 못하고 저임금노동자로 일하는 현상이 발생했다. 장인들도 대규모 자금의 통제에 예속되는 경우가 점차 증가했다. 저임금노동이 확산하는 등 노동 구조의 왜곡으로 계층 간 격차는 확대되었는데 폐쇄적으로 변한 동업조합 구조는 이를 해결하지 못했다.

이러한 구조에서 결국 노동조건의 개선 등 사회문제를 해결하기 위해서는 조합을 결성하고 이를 인정받아야 했다. 그러나 저임금노동자의 조합 결성은 기득권의 침해를 우려한 기존의 동업조합에 의해 거부되었다. 모직물업의 저임금노동자였던 치옴피(ciompi)가 1378년 일으킨 소요와 그 이후 몇 년간 유지된 치옴피의 조합이 결국은 해체되었다는 사실이 동업조합 체제의 모순을 드러낸다.④

IV. 나가며

메디치로 대표되는 부유한 대가문 중심의 당파적 지배체제인 시뇨리아(Signoria)⑤가 15세기 피렌체에 구축되며 동업조합의 정치적 비중은 축소되었다. 16세기에 이르러서는 경제의 중심이 대서양으로 이동하며 지중해의 경제적 활력이 서서히 사그라들었고, 이탈리아반도 내 여러 전쟁에 휘말리며 피렌체의 정치적 위상 또한 점차 쇠퇴했다. 특히 1530년 신성로마제국 카를 5세(Karl V)의 포위에 항복하면서 피렌체 공화정은 몰락했고 1534년 피렌체 공작 알레산드로 데 메디치는 법령을 통해 피렌체의 동업조합을 정치와 무관한 직능단체로 개편했다.

그렇게 피렌체의 동업조합은 성쇠를 달리했지만, 이들은 피렌체 곳곳에 흔적을 남겼다. 사회적 위치를 강화하던 때 피렌체 공공건물들의 관리와 보호를 맡았기 때문이다. 모직물업조합은 한때 이 도시를 대표했던 그 위상에 걸맞게 피렌체의 상징인 두오모의 관리와 보호를 담당했으며, 그에 버금갔던 직물상인조합은 두오모 맞은편 산 조반니 세례당과 피렌체의 첫 순교자를 기리는 산 미니아토 알 몬테 교회를 관리했다. 오늘날 르네상스 건축을 대표하는 인노첸티 보육원 건립을 의뢰 및 후원하고 운영에 참여한 것은 견직물업조합이었다.

특히 피렌체의 정치적 중심이었던 베키오궁과 종교의 중심이었던 두오모를 연결하는 칼자이우올리 거리(Via dei Calzaiuoli) 중간에 있는 오르산미켈레 교회는 동업조합이 이룬 정치적·경제적 영광의 상징이라 할 수 있다. 과거 텃밭(orto)이었던 곳에 천사 미카엘에 봉헌하는 교회를 지은 데서 이름이 유래된 오르산미켈레(Orsanmichele)는 13세기 말 곡물창고와 거래소를 겸하는 건물로 재건되었다가 14세기 이후 건물 외벽에 벽감을 조성해 14개 동업조합의 수호성인과 문장으로 장식하며 피렌체 동업조합들의 교회가 되었다. 동업조합이 도시에 끼친 영향력을 가늠할 수 있는 건물로 지금도 그 자리에서 당시의 역사를 흥미롭게 전달하고 있다.

④ 양털 빗는 일을 하는 치옴피는 단순노동자로 모직물업조합에 가입할 수 없었고 낮은 임금에 세금은 날이 갈수록 올라가며 정치에서도 배제되자 1378년 일명 치옴피의 난(Tumulto dei Ciompi)이라 불리는 봉기를 일으킨다. 치옴피뿐만 아니라 그간 동업조합에 가입하지 못했던 저임금노동자들도 여기에 뜻을 함께하여 무력행사로 정부를 장악한 결과 새로운 조합을 결성하고 이를 통해 정치에 참여할 수 있게 되었으나 1382년 주요 조합(Arti Maggiori)이 다시 정치적 주도권을 잡으며 치옴피 조합은 와해된다.

⑤ 이탈리아 중세의 역사에서 시뇨리아는 코무네와 대비되어 강력한 통치자에게 권력이 집중되는 정치체제 또는 그러한 행정당국을 주로 뜻한다.

오르산미켈레 교회 외벽의 원형 장식.
두 천사가 견직물업조합 문장을 들고 있다.

오늘의 메뉴 Today's Menu

3

사진 ©Boccanegra

Bistecca alla fiorentina 피렌체식 티본스테이크

피렌체식 티본스테이크 판나코타

파스타에 리조토, 피자, 다양한 디저트까지 이탈리아의 다양한 먹을거리야 워낙 유명한데 피렌체에 간다면 한 끼 정도는 피렌체식 티본스테이크(bistecca alla fiorentina)를 먹어도 좋겠다. 티본스테이크는 T자 모양의 뼈를 사이에 두고 등심과 안심이 붙어있는 소고기 부위를 구워 먹는 음식으로, 피렌체식은 미리 숙성한 키아니나(chianina) 품종의 고기를 5cm 이상 두껍게 썰어 요리하는 것이 특징이다. 두툼한 육질의 스테이크에 토스카나 지역의 레드 와인를 곁들이고 달콤한 디저트로 마무리한다면 근사한 저녁 식사로 손색이 없다.
여기서 잠깐, 식당을 칭하는 이탈리아어의 표현이 다양한데 우리가 흔히 상상하는 레스토랑 즉, 가격대가 어느 정도 있고 격식을 갖춘 식당은 리스토란테(ristorante)이다. 보통 가족이 대대로 운영하며 가정식을 판매하는 식당은 트라토리아(trattoria), 와인과 간단한 음식을 파는 곳은 오스테리아(osteria), 음식 없이 다양한 와인을 마시고 살 수 있는 곳은 에노테카(enoteca)라고 부른다. 오늘날 여러 표현을 혼재해서 사용하긴 하지만, 정통 피렌체식 티본스테이크를 원한다면 리스토란테 위주로 찾아보길 추천한다.

8

피렌체의 음식은 어떤가요?

안드레아 안젤리니(Andrea Angelini)
boccanegra.com

간단한 자기소개를 부탁합니다.

식당 보카네그라(Boccanegra)를 운영하는 안드레아 안젤리니입니다. 아버지는 로마, 어머니는 아레초 출신이고 저는 피렌체에서 태어나고 자랐어요. 외할아버지가 큰 농장을 가지고 계셨고 어머니는 요리를 좋아하고 잘하셔서 어릴 때부터 음식에 자연스럽게 관심을 두게 되었어요. 전통적인 토스카나 지역의 삶이 그러하듯 집에서 기른 농작물로 요리해서 새로운 맛이나 향을 만들어 내는 데 익숙했죠. 여러 개의 식당을 경영하다가 가족과 더 많은 시간을 보내기 위해 최근에 대부분 정리하고 보카네그라에 집중하고 있어요.

식당 이름이 인상적이에요.
'보카네그라'는 어떤 의미인가요?

베르디의 오페라 "시몬 보카네그라"에서 따왔어요. 식당이 있는 거리의 이름이 기벨리나길(Via Ghibellina)이고 여기 바로 앞에 베르디 극장이 있는데, 이 두 가지 우연이 맞아떨어지면서 보카네그라가 떠올랐어요. 황제를 지지하는 기벨린과 교황파인 겔프가 대립하던 14세기 중반에 (246쪽 참고) 기벨린으로 제노바 총독이 된 시몬 보카네그라가 이 오페라의 주인공인데요. 베르디 극장 앞에 기벨린의 길이라니, 식당 이름을 보카네그라로 할 수밖에 없었어요.

식당을 운영하시니 누구보다 음식 그리고 요리에 가까운 생활을 하실 텐데 개인적으로 아침, 점심, 저녁에는 무엇을 드시는지 궁금해요.

아침에 일어나면 모카포트로 내린 커피만 한 잔 마셔요. 점심과 저녁은 그날 있는 재료로 만들어 먹고요. 토마토 스파게티나 봉골레 파스타, 라구 파스타 등 매번 바뀌죠.

선호하는 커피 브랜드가 있으신가요?

오늘은 라바차를 마셨는데 선호하는 브랜드가 따로 있지는 않아요. 라바차나 일리 같은 브랜드도 좋지만, 피렌체 골목마다 작고 훌륭한 로스터리 가게들이 있으니 이런 데 가보는 걸 추천해요. 보카네그라에서는 시에나의 난니니(Nannini) 커피를 쓰고 있어요.

파스타는 어떤가요? 좋아하는 브랜드나 면 종류가 있으신가요?

브랜드는 룸모(Rummo)가 괜찮은 것 같고 리가토니(rigatoni)나 파케리(paccheri)처럼 두꺼운 면을 선호해요. 특히 파케리는 굉장히 두꺼워서 다른 면에 비해 좀 더 오래 조리해야 하는데 한입 물었을 때 그 두툼한 질감이 좋아요.

그럼 파케리에는 어떤 소스가 어울리나요, 토마토소스?

안 돼요. 파케리에는 무조건 하얀(bianco) 소스예요. 화이트 와인에 생선이나 오징어를 익힌 소스요. 토마토소스는 스파게티에 먹죠. 제노베제 페스토에는 탈리아텔레(tagliatelle)나 트로피에(trofie)가 적당하고요.

페스토 얘기가 나와서 말인데 초록색의 바질 페스토만 있는 줄 알았거든요. 그런데 여기 와서 보니까 다른 색깔의 페스토도 있어서 신기했어요.

페스토는 빻는다는 의미의 'pestare'에서 유래했는데요. 페스토의 원조인 제노바에서는 바질과 마늘, 잣, 올리브오일, 파르미자노 치즈를 찧어서 만들어요. 이게 제노베제 페스토이자 클래식한 바질 페스토고 지역에 따라 여기에 피스타치오, 토마토나 후추 또는 페페론치노를 넣는 등 조금씩 변형해요.

평소에 장은 어디서 보세요?
식당에 필요한 재료도 많을 것 같아요.

개인적으로는 코프나 에셀룽가에 가고요. 식당 자재는 계약을 맺은 도매업자 통해 공급받기 때문에 일일이 장을 보러 갈 일은 없어요. 시장을 돌아다니며 제철 재료를 파악하고 셰프와 메뉴를 정한 다음 도매업자에게 연락해서 물건을 받는 식이에요.

토스카나에 오면 꼭 먹어야 하는
음식을 추천해주실 수 있을까요?
보카네그라의 메뉴도 좋고요.

코스별로 얘기해볼까요. 전채로는 크로스티니 토스카니(crostini toscani)를 추천합니다. 이탈리아 전채 요리 하면 잘게 썬 토마토를 빵 위에 올려 먹는 브루스케타만 떠올리는데 피렌체에서는 이걸 먹어봐야 해요. 이름처럼 토스카나 특산 메뉴거든요. 닭 간을 갈고 양파와 같이 푹 익힌 다음 엔초비, 올리브오일, 케이퍼, 버터, 소금을 넣어 파테로 만들어요. 화이트 와인이나 빈산토로 빵을 살짝 적시고 그 위에 이걸 올리는 거죠. 레시피는 조금씩 다를 수 있는데 보카네그라에서는 이렇게 만들어요.

빵을 따로 굽는 게 아니네요?

보통 상온에 보관하여 딱딱해진 빵을 썰고 육수 등에 적셔 부드럽게 만드는 게 전통적인 방식이에요. 최근에는 빵을 굽는 경우도 있긴 해요. 꼭 한번 드셔보세요. 정말 추천합니다.

그럼 프리모로는 어떤 메뉴가 좋을까요?

서너 가지가 있는데요. 우선 수프(zuppa)의 일종인 리볼리타(ribollita). 리볼리타가 겨울철 음식이라면, 빵과 토마토소스를 같이 끓이는 파파 알 포모도로(pappa al pomodoro)는 여름철 메뉴예요. 역시 여름철 음식인 판자넬라(panzanella)도 'zuppa' 즉 수프로 분류되긴 하는데 샐러드에 가까워요. 전채로도 먹고 프리모로 선택하기도 하고요. 판자넬라도 오래된 빵을 활용하는 요리인데, 딱딱해진 빵을 물에 적신 다음 빵이 어느 정도 말랑해지면 꼭 짜서 물기를 빼요. 여기에 토마토와 양파를 썰어 넣고 바질잎과 올리브오일, 식초, 소금으로 간을 해서 섞어 먹어요. 토스카나 빵은 대체로 딱딱하고 보관하기 좋아서 이런 식으로 빵을 재활용하는 음식이 많아요. 이 셋은 굉장히 서민적인 음식이고요. 관광객으로 피렌체에 처음 왔다면 트러플이 들어간 파스타나 리조토도 괜찮고요.

세콘도는요?

물론 피렌체식 스테이크(bistecca alla fiorentina). 날 것을 좋아한다면 타르타르도 추천해요.

비스테카 알라 피오렌티나는 이름부터 피렌체식 스테이크인데요. 어쩌다 음식 이름에 피렌체가 들어가게 된 건지 궁금하더라고요.

중세 시대에는 당연히 냉장고가 없었기 때문에 손질한 고기가 아니라 산 짐승을 직접 시장에 가지고 가서 팔았어요. 돼지고기는 살루메(salume)로 가공해서 먹었고요. 그런데 소는 귀하기도 하고 시장에 끌고 오기 너무 크니까 소고기가 흔치 않았죠. 산 로렌초 축일처럼 중요한 날에야 소고기를 먹을 수 있었는데 피렌체 사람들이 광장에 모여 다 같이 소를 통으로 바비큐하여 나눠 먹었다고 해요. 한편 당시 피렌체가 유럽 문화의 중심이었기에 다른 나라 귀족 자제들이 학문과 교양을 쌓으러 유학 오는 경우가 잦았어요. 그러다 어느 날 영국 사람이 바비큐를 보고 '오, 비프스테이크'라고 말한 거죠. 그게 이탈리아 사람 귀에는 비스테카(bistecca)라고 들려서 지금의 이름이 붙고 시간이 지나면서 점점 유명해졌어요. 이전에는 이탈리아어에 스테이크라는 단어가 없었는데 결국 스테이크를 처음 소개한 곳이 피렌체인 셈이죠. 보통 스테이크 두께가 1cm 정도라면 비스테카 알라 피오렌티나는 최소 5cm 이상 두껍게 잘라요.

이외에 세콘도로 추천하고 싶은 메뉴가 있으신가요? 비스테카 알라 피오렌티나는 이미 너무 유명해서요.

그럼 필레미뇽 스테이크에 트러플을 올린 필레토 알 타르투포(filetto al tartufo) 그리고 폴페타(polpetta)를 추천하고 싶어요. 폴페타는 미트볼이라고 생각하면 되는데 이탈리아 가정에서 엄마들이 자주 해주는 메뉴예요. 소고기, 달걀, 빵가루, 마늘과 파슬리 그리고 파르미자노 치즈를 반죽한 다음 동그랗게 빚어서 기름에 굽고 토마토소스에 한 번 더 볶아요. 지역마다 만드는 방법이 조금씩 다르고 집마다 자신만의 비법이 있을 정도로 대중적인 음식이에요.

마지막으로 돌체는 무엇이 좋을까요?

피렌체에 왔다면 빈산토에 칸투치니를 적셔 먹어야죠. 이탈리아의 고전적인 디저트 메뉴로는 티라미수나 판나코타도 있고요. 보카네그라 메뉴 중에는 바닐라 소스를 얹은 사과파이(Tortino di mele con salsa di vaniglia)를 추천해요. 토스카나가 아닌 이탈리아 남부 시칠리아의 돌체이긴 하지만, 카놀리(cannoli)와 카사타(cassata)도 많이 먹어요. 사실 대부분 돌체는 가톨릭과 깊은 관련이 있어요. 카놀리만 하더라도 사육제에 먹던 디저트였고 부활절에는 또 다른 종류의 돌체를 먹었어요. 가톨릭 의례와 함께 다양한 돌체가 널리 알려진 거죠. 시칠리아 하니까 생각났는데 젤라토의 본고장을 시칠리아라고 하잖아요. 그런데 사실 젤라토는 피렌체에서 발명되었다고 볼 수 있어요. 카테리나 데 메디치가 개최한

요리 대회에서 젤라토가 처음 등장했고 그가 앙리 2세와의 결혼으로 프랑스로 건너갈 때 시칠리아의 제과사들이 함께 갔거든요. 젤라토를 포함해 그들이 선보인 다양한 디저트가 파리를 중심으로 세계 곳곳에 알려진 거죠.

이탈리아 식사에 와인이 빠질 수 없겠죠. 토스카나 와인이 유명하기도 하고요. 와인도 몇몇 추천해주세요.

이탈리아에 와인으로 유명한 지역이 많죠. 세계적으로 잘 알려진 피에몬테나 시칠리아뿐만 아니라 훌륭한 와인을 생산하는 곳이 많아요. 이탈리아에서는, 가격으로 따지자면 20유로부터 2,000유로에 이르기까지 다양한 종류의 와인을 즐길 수 있어요. 그만큼 모든 와인이 각각 특색 있고 맛있지만, 토스카나에서는 키안티 클라시코(Chianti Classico), 브루넬로 디 몬탈치노(Brunello di Montalcino)를 추천해요. 볼게리 지역 와인도 좋고요.

추천해주신 와인의 특징을 조금 더 부연해주신다면요.

키안티 클라시코는 토스카나를 대표할 수 있는 와인이에요. 매일 식탁에 놓고 누구나 마시기 좋은 가장 보편적인 와인이죠. 품종 블렌드에 제한이 있어서 맛이 단순하고 깔끔해요. 브루넬로 디 몬탈치노는 상대적으로 맛이 더 강해요. 포도 수확 이후 5년은 지나야 시장에 나올 수 있고 가격도 비싼 편이라 저녁 식사나 행사 때 주로 마시죠. 볼게리 와인은 전통적인 토스카나 와인 스타일은 아니에요. 산조베제가 아니라 카베르네 소비뇽, 메를로 같은 외래 품종을 토스카나 땅에서 키워서 재탄생시킨 와인이거든요. 굉장히 맛이 좋고 섬세하며 우아한 느낌이에요. 벨벳같이 부드러운 맛이라고 해야 할까요.

마지막으로 피렌체에서의 삶은 어떠한지 짧게 정의하여 표현해주세요.

유일하고, 아름답고, 마법 같은 곳(unica, bella, magia). 사실 피오렌티니 대부분 피렌체에 사는 건 아니에요. 두오모 인근이 피렌체라고 생각하거든요. 행정구역상 피렌체 코무네가 아니라요. 이 기준으로 보자면 피렌체는 유일무이한 곳이에요. 도시 안과 밖, 건물의 안과 밖이 모두 아름답고요. 이걸 서로 연결하는 길도 어디든 아름답죠. 지금은 많이 사라지기도 했고 팬데믹으로 문 닫은 곳도 많지만, 도시 곳곳에서 장인들이 손으로 직접 만든 물건을 팔기도 하잖아요. 마법과도 같은 곳이에요.

안드레아가 대접한 보카네그라 저녁 식사. 전채부터 돌체까지 5시간 넘게 식사가 이어졌는데 모든 메뉴가 진심으로 맛있었다.
이날 식당에서 배경음악으로 흘러나오던 Nick the Nightfly Orchestra 앨범까지, 완벽한 식사였다. (사진 ©뉴포맷)

SOUVENIRS
al Cupolone
TABACCHI
Kodak Film

TABACCHI
Enalotto LOTTO
SOUVENIR - STAMPS
CHANGE

TABACCHI

TABACCHI

르 & 타바키
ar & Tabacchi

탈리아 여행에서 한 번 이상
르게 되는 곳, 바르와 타바키.
르는 카페로 이탈리아 사람들
상의 중심지다. 가볍게 아침을
결하거나 커피를 마실 수 있고
부분 아침 일찍부터 늦은
녁까지 영업하므로 여행 중
칠 때마다 잠깐 목을 축이기 좋다.
바키는 이탈리아어로 담배를
하는데 문자 그대로 담배 가게다.
배뿐만 아니라 간단한 음료나
구류, 우표 등도 여기서 구할 수
다. 특히 버스나 트램 등 시내
중교통 티켓을 판매하여 모든
행자는 무조건 이곳을 찾게 된다.
즘은 과거와 달리 버스 내에서
사에게 바로 티켓을 구매할 수
으므로 타바키 위치 그리고 이를
징하는 대문자 T를 잘 알아두고
을 나서자.

도전,
요리왕!
Messy Cooking Show

FREE SPIRIT COO

이탈리아 사람들은 파스타를 무조건 알덴테로 요리해야 한다고 하지만,
한국인에게는 또 우리만의 취향이 있지 않은가.
레스토랑에서 먹는 음식도 물론 훌륭하나 가끔은 내 식대로 푹 익히고 조미료도 팍팍 넣고 싶다.
이탈리아인들은 질색하겠으나 음식을 향한 진심은 한국인도 못지않으니
'도전, 요리왕!'과 함께 눈치 보지 말고 나만의 한국식 이탈리아 음식을 만들이 보자.

엔초비 올리브오일 파파르델레 파스타

넓은 파스타 면 중 하나인 파파르델레(pappardelle)는 그 이름을 토스카나 지역어인 'papparsi'에서 따온 것이다. 이는 동사 'pappare'와 같은 뜻으로 '욕심내어 먹다', '허겁지겁 먹어 치우다'라는 의미이다. 이름에서 알 수 있듯 파파르델레는 토스카나가 위치한 이탈리아 중북부 지역에서 유래되어 오늘날에도 이곳에서 즐겨 먹는 면의 종류인데, 넓고 부드러워 보통 기름지고 건더기가 듬뿍 올라간 고기 소스와 잘 어울린다. 하지만 이번에는 면의 맛에 오롯이 집중하고자 소스로 엔초비와 올리브오일을 선택해보았다. 엔초비를 한국의 멸치젓에 비유하곤 하는데 쿰쿰하고 비릿하지만 짭조름하여 감칠맛을 돋우는 역할이 매우 비슷하다. 신선한 올리브오일의 향긋함과 엔초비의 감칠맛, 마늘의 알싸함에 페페론치노의 매운맛 그리고 파스타 면의 고소함을 한입에 느껴보자.

재료 파파르델레 100g, 엔초비 2~3개, 통마늘 3~5개, 페페론치노 2~3개, 소금, 올리브오일

면 삶기

① 냄비에 물을 담아 끓이다가 소금 1/2큰술, 올리브오일 1큰술을 넣어주세요.
② 물이 끓어올랐을 때 파파르델레 면을 넣고 삶아주세요.
면을 삶는 동안 살살 휘저으면서 서로 달라붙지 않게 해주세요.
③ 약 8~10분간 삶아 면이 익으면 체에 밭쳐 물기를 빼주세요. 찬물에 헹구면 안 돼요!

파스타 만들기

① 살짝 달군 프라이팬에 올리브오일을 두르고 통마늘과 페페론치노를 넣어주세요.
② 통마늘 겉면이 노릇노릇하게 익기 시작하면 엔초비를 넣어주세요.
③ 뜨거워진 올리브오일에 엔초비 살이 녹아 없어지면 통마늘과 페페론치노는 빼주세요.
④ 삶아 둔 파파르델레를 넣고 소스가 잘 배도록 볶아주면 완성!
⑤ 취향에 따라 트러플 오일 또는 파르미자노 치즈를 살짝 뿌려 먹어도 좋아요.

*
각 레시피는 1인분 기준

트러플 프로슈토 크림 리조토

리조토는 쌀에 육수를 넣고 졸여 만드는 음식으로 파스타와 마찬가지로 재료의 조합에 따라 그 종류가 무궁무진하다. 이번에는 새로운 맛을 상상하며 크림 리조토에 트러플 페스토와 프로슈토를 올려보았다. 화이트 트러플은 토스카나 지역 특산품으로 이를 활용한 트러플 오일, 트러플 페스토 등의 제품을 슈퍼마켓에서 쉽게 구할 수 있다. 특히 다진 트러플과 양송이에 올리브오일을 섞어 만드는 트러플 페스토는 어떤 요리에든 한 스푼만 올려도 풍미를 배로 올려주는 마법의 재료다. 한편 살라미, 프로슈토 등의 살루메 역시 이탈리아의 자랑 중 하나인데 그중 프로슈토 크루도(prosciutto crudo)는 돼지 뒷다리를 염장하여 건조시킨 햄의 일종이다. 크림 리조토와 함께 먹으면 신선한 육질과 강렬한 향이 부드러운 리조토와 훌륭한 조화를 이룬다.

재료

쌀 60g, 트러플 페스토 5g, 프로슈토 크루도 50g, 생크림 200ml, 우유 250ml, 물 또는 육수 약 500ml, 파르미자노 치즈 5g, 월계수잎, 버터, 소금, 후추, 올리브오일

* 여기서는 이탈리아의 아르보리오(arborio) 쌀을 사용했지만, 한국 쌀로 만들어도 무방합니다. 다만 한국 쌀로 만들 때는 끓이는 시간을 조금 줄이는 것이 좋습니다.

리조토 만들기

① 살짝 달군 프라이팬에 올리브오일을 두르고 버터를 넣어요.
② 버터가 살짝 녹으면 쌀과 물을 넣고 살살 익혀주세요.
(물 대신 육수나 채수를 넣으면 리조토가 더 고소해져요.)
③ 물이 졸아들면 끓이면서 생크림과 우유를 2~3차례 나누어 넣어요.
이때 월계수잎과 파르미자노 치즈도 넣어줘요.
④ 우유가 크게 끓어오르면 약불로 줄이고 30분 정도 졸여주세요.
눌어붙지 않도록 조금씩 저으면서 소금과 후추로 살짝 간을 해주세요.
⑤ 쌀이 다 익으면 그릇에 담고 프로슈토와 트러플 페스토를 얹어주세요.
⑥ 위에 올리브오일을 살짝 뿌려서 더욱 향긋하게 드세요.

토마토 미트 리가토니 파스타

리가토니(rigatoni)는 튜브형 파스타의 일종으로 펜네(penne)보다는 살짝 굵은 편이다. 선을 긋다, 고랑이라는 뜻의 'rigare'에서 유래되었다고 하는데 그래서인지 겉면에 홈이 파여 있다. 펜네나 리가토니 같은 튜브형 파스타에는 걸쭉하고 덩어리가 있는 소스 예를 들어, 치즈나 라구 소스가 잘 어울린다. 원통 안으로 소스가 스며들어 소스의 맛을 음미하기 좋고 특히 리가토니는 표면의 홈이 소스가 잘 묻도록 도와주기 때문이다. 많이들 즐기는 방식으로, 리가토니 면에 고기와 치즈, 양파와 셀러리까지 한껏 넣고 묵직한 풍미를 살려보았다.

재료

리가토니 100g, 다진 소고기 또는 돼지고기 250g, 토마토소스 150g, 양파 30g, 당근 30g, 셀러리 30g, 마늘 3~5개, 파르미자노 치즈, 월계수잎, 소금, 후추, 올리브오일
* 당근과 셀러리는 취향에 따라 빼도 좋습니다.

면 삶기

① 냄비에 물을 담아 끓이다가 소금 1/2큰술, 올리브오일 1큰술을 넣어주세요.
② 물이 끓어올랐을 때 리가토니 면을 넣고 삶아주세요. 면을 삶는 동안 살살 휘저으면서 서로 달라붙지 않게 해주세요.
③ 약 15~17분간 삶아 면이 익으면 체에 밭쳐 물기를 빼주세요. 찬물에 헹구면 안 돼요!
④ 면수는 버리지 말고 그대로 두었다가 파스타를 만들 때 사용해요.

파스타 만들기

① 마늘은 저미고 양파, 당근, 셀러리는 잘게 다져 준비해주세요.
② 저민 마늘을 살짝 달군 프라이팬에 넣고 약한 불로 볶아주세요.
③ 마늘이 노릇하게 익으면 다진 고기를 넣고 볶아요. 소금, 후추로 살짝 간을 해주세요. (이때 넛맥 가루가 있다면 같이 넣어도 좋아요.)
④ 고기가 어느 정도 익으면 다진 양파, 당근, 셀러리를 넣어요.
⑤ 채소가 익기 시작하면 토마토소스와 월계수잎을 넣고 계속 볶아주세요.
⑥ 소스가 끓기 시작하면 삶아 둔 리가토니와 면수 한 국자를 넣어요. 물기가 사라질 때까지 살짝 더 볶으면 완성!
⑦ 취향에 따라 파르미자노 치즈를 뿌려 먹으면 풍미가 한껏 살아나요.

우리는 무엇을 샀나
Supermarket Team Souvenir

출장을 나가면 취재에 필요한 물품도 많이 사지만,
개인적으로 좋아하는 물건도 기념으로 여럿 사 들고 오게 된다.
슈퍼마켓 편집부는 과연 무엇을 샀을까?

* 물품, 구매처, 가격 / 제품별 가격은 구매처에 따라 다를 수 있다.

성실한 수집가 K

1 엽서, 일 파피로(Il Papiro), 4.00€
피렌체에 온 기념으로 구매한 엽서. 파란색을 좋아하는데 엽서의 색감과 일러스트가 예뻐서 샀다.

3 실링 왁스 세트, 일 파피로, 도장 28.50€ 왁스 5.00€
지인 선물용으로 구입했다. 예전에 비슷한 제품을 사서 쓰고 있는데 편지 쓸 때 사용하면 기분이 좋기도 하고 편지 받는 분도 좋아해서 좋은 선물이라고 생각했다.

7 책갈피, 우피치 미술관, 1.00€
지인 선물용으로 구입. 명화에 관심 있는 분이라 좋아하실 것 같다.

11 1인용 모카포트, 비알레티(Bialetti) 19.90€
예전에 여행 왔을 때 정말 사고 싶었는데 배낭에 자리가 없어서 미처 사지 못했기에 이번에 구매했다. 하나 더 사서 지인에게 선물하기도 했다. 안 살 이유가 없는 귀여운 모카포트로 찻장에 관상용으로 모셔두고 있다.

12 오레키에테(orecchiette) 파스타, 이탈리(Eataly), 3.80€
이탈리아에 온 기념으로 파스타 면을 사고 싶었다. 이런 모양의 파스타 면은 여기서 처음 본 터라 신기해서 구입했다. 한국에 돌아와서 해 먹었는데 안타깝게도 식감은 불호였다.

선물 사재기 S

2 자석, 렌터카 업체, 3.00€
9 자석, 피렌체 시내 기념품 가게, 4.00€
여행지에서 기념하려고 냉장고 자석을 종종 산다. 기념품 자석 중 가장 우스꽝스럽고 흔하지 않은 것을 골랐다.

4 연필, 피렌체 시내 기념품 가게, 2.00€
지인 선물용으로 구입.

5 자석, 산타 크로체 성당 근처 기념품 가게, 4.00€
메디치 문양 자석. 의외로 구하기 가장 힘들었다. 항상 '메디치' 이름으로 크라우드 펀딩 프로젝트를 후원하는 지인에게 선물하려고 샀다.

15,16 양말, 산 로렌초 성당 근처 빈티지 가게 개당 6.00€ 2개에 10.00€
지인 선물용으로 구입. 젤라토와 파스타를 귀엽게 그려 놓아 눈길이 갔다.

큰손은 아니고 중간손 R

6 자석, 산타 크로체 성당 근처 기념품 가게, 4.00€
산타 크로체 광장의 가게에 중세 시대 도상과 문양을 활용한 기념품이 있었다. 성당에 다니는 지인 선물용으로 구매했다.

13 사탕, 페냐(Pegna dal 1860), 3.90€
22 사탕, 페냐(Pegna dal 1860), 3.10€
유럽의 지역마다 유명한 사탕 브랜드가 있는데 맛보다는 예쁜 케이스를 갖고 싶어 여행 갈 때마다 하나씩 사고는 한다.

14 장식품, 카시네 시장, 5.00€
시장을 구경하다가 무언가 특별한 것을 사고 싶어서 구매했다. 원석이라고 해서 샀는데 역시나 가짜였고 한국에 오니 어느새 산산조각이 나 있었다. (속상)

10, 17 자석, 피렌체 시내 기념품 가게, 각 2.50€
과거 피렌체에 살던 지인이 자신은 정작 관광객 기념품을 사본 적이 없다고 그립다며 부탁해서 구입했다.

18 노트, 일 파피로, 25.00€
이탈리아의 문구는 유럽 전역에서 유명하다. 일 파피로는 특유의 마블링 기법으로 만든 종이가 잘 알려져 있어 구경 갔다가 나도 모르게 손에 한가득 들고나왔다.

21 자석, 피렌체 시내 기념품 가게, 3.00€
피렌체 문양이라 기념으로 구입.

23 가방, 피렌체 중앙시장, 25.00€
중앙시장 인근을 걸어가다가 같은 디자인의 가죽 가방 중 이 색상은 하나뿐이라 끌려서 샀다. 휘뚜루마뚜루 메기에 좋다.

귀여운 게 최고야 Y

8 보석함, 카시네 시장, 3.00€
잡화가 모여 있는 매대를 구경하다가 해 그림이 귀여워서 샀다. 반지나 귀걸이 등 작은 귀중품을 보관할 수 있다.

20 책 "Ciao, Sasso", 피렌체 시내 서점, 16.50€
해외에 가면 서점에 들러 그 나라 언어로 된 동화책을 산다. 언어를 잘 알지 못해도 나라마다 책의 형태나 그림 스타일이 다르다는 점이 재미있다. 이 책은 한국에 "안녕, 돌멩이야"라는 제목으로 번역되어 나와 있다.

주정뱅이 T

19 레드 와인, 동네 에노테카, 32.00€
토스카나 와인 중 요즘 볼게리 지역 와인이 대세라고 해서 에노테카의 추천을 받아 구매했다. 한국에서 마시려고 샀지만, 선물하게 되면서 맛보지는 못했다. 마신 사람의 평에 따르면 맛이 좋았다고 한다.

FIRENZE

FRN

ESSELUNGA
ESSELUNGA

SUPERMARKET
269
FIRENZE

FIRENZE

27

UPERMARKET

슈퍼마켓: 피렌체
SUPERMARKET: FIRENZE (VOL.3)

1판 1쇄 발행	2023년 4월 19일
편집	박경린 장유진
디자인	오디너리피플
사진	타별
현지 진행 및 통역	Gemma Hong
도움	김신희 김지영 김지은 김형석 남혜연 오시연 이종민 Mariko Takayama

Special Thanks To

라윤정
Andrea Angelini
Andrea Mazzanti
Anselmo Miniati
Cosimo Miniati
Elena Gelli
Elisabetta Pandolfini
Emanuele Menichetti
Emanuele Pellegrini
Erik Biscioni
Fawn Sarkisian
Grynet Miniati
Lorenzo Miniati
Lorenzo Sclaverano
Marco Binazzi
Mariko Shiraishi
Massimiliano Sannino
Niccolò Conti
Sophie Mazzanti
Teresa Bencini
Tobias Miniati

발행	박경린
발행처	케이스스터디(뉴포맷) 04526 서울 중구 세종대로16길 27, 401호 T. 02-777-1123 F. 02-2261-1123 E. book@newformat.kr
ISBN	979-11-91543-01-8 979-11-964749-6-6(세트)
가격	20,000원

케이스스터디는 뉴포맷의 출판 브랜드입니다. 뉴포맷은 동시대 문화의 흐름을 전시, 출판, 연구 및 교육 프로그램 등으로 담아냅니다. 인문학적 상상력으로 다른 관점의 새롭게 보기를 공유하며, 뉴포맷만의 새로운 기준을 만들어나갑니다.

instagram.com/newformat.kr

CROSTINO TOSCANO
CHIANTI
BIALETTI
PERFETTO MOKA
I Maccheroni di Toscana
Martelli
RUMMO
MUTTI
Passata
CONFETTERIA LEONE
GINEVRINE
ROSE
SCONTO 30%
ESSELUNGA
GORGONZOLA DOP
€3,30
d'Osa
coop
PREPARATO PER TANTI DOLCI
380g
PERUGINA
Baci
CLASSICO
VAPE DERM
Gel Dopopuntura
HERBAL
Olio Extra Vergine di Oliva
Ragù di carne chianina
coop
FRAGOLE
SAPORI DINTORNI CONAD
BIALETTI
PEGNA
Mukki
100% latte toscano
latte fresco
SAPORI IDEE CONAD
FONDENTE con Limone e Zenzero
MARVIS
ESSELUNGA
Pipe Rigate n.191
ESSELUNGA
A.C.E.
ARANCIA CAROTA LIMONE
VERNACCIA DI SAN GIMIGNANO
mozzarella
BIOLOGICA
Pappardelle
CONAD
ZUPPA con LEGUMI, ORZO e FARRO
coop
Plum cake preparato con yogurt
SAPORI IDEE
Salsa Tartufata
ESSELUNGA

Frolle ripiene
crema pasticcera
coop
TUNNO A PINNE GIALLE
all'olio di oliva
Barilla
LINGUINE N.13
SAPORI & DINTORNI CONAD
ESSELUNGA
Top
ESSELUNGA
crostini ai
5 CEREALI
225 g
Pocket Coffee
CONAD
gli Appetitosi
PROSCIUTTO COTTO + MOZZARELLA
CONAD
POMODORI SECCHI
MULINO BIANCO
Torta
Limone
GIANDUJA
NOVI
Cioccolato alle Nocciole Gianduja
ORZO
Biologico
CRASTAN BIO
FATTORIA DEL CERRO
ROSSO DI MONTEPULCIANO
TOSCANA
ROS
· SO
Venchi
DUOMO
PALAZZO VECCHIO
PONTE VECCHIO
SANTA CROCE
FIRENZE
ESSELUNGA
BIO
ELICOIDALI
PASTA DI SEMOLA DI GRANO DURO
500 g
VAPE
Spirali
Nestlé
ORZORO
ORZO SOLUBILE
ESSELUNGA
Cuor di Gianduia
Pan di Stelle
MUTTI
PESTO
VERMENTINO
MULINO BIANCO
Barilla
Biscottone
con Latte Fresco 100% Italiano
BIO
8 CROSTATE ALL'ALBICOCCA
ESSELUNGA
CONAD